职业教育无人机应用技术专业系列教材

植保无人机操控技术（项目式·含工作页）

远洋航空科技（天津）有限公司　**组编**

主　编　陈红伟

副主编　王　磊

参　编　陈阆宇　刘烜志　王　靖　付秀娟
　　　　　王　华　刘瑞祺　马　箭　刘　敏
　　　　　姚晓光　姚翠芝

U0240536

机械工业出版社
CHINA MACHINE PRESS

无人机作为一个新兴的技术，在民用领域得到了广泛应用。与此同时，无人机在各细分行业对驾驶人员的需求也与日俱增，并提出了更高的技术要求。

本书以项目的形式介绍无人机在植保领域的操控技术，主要内容包括植保无人机的认知、植保无人机起飞前检查、植保无人机的飞行操控、植保无人机播撒技术、植保无人机辅助设备操作、紧急情况下植保无人机的操控、植保无人机的维护保养与储存、农药安全使用常识及常见病虫害、植保无人机喷洒效果检验及飞防作业的实施、植保无人机的拆装、植保无人机故障分析及维修、植保无人机硬件程序刻录刷写及固件升级、植保无人机的售后服务 13 个项目。项目中根据教学安排划分学习任务和实训任务，并且每个实训任务对应一个活页式实训任务单，将教学大纲要求的课程知识融入实际工作场景，真正起到提高植保无人机驾驶员操控水平的效果。

本书可作为职业院校和技师学校无人机相关专业的教材，也可作为植保无人机驾驶员和培训机构的参考用书。

本书配有电子课件、教案等资源，凡使用本书作为教材的教师可登录机械工业出版社教育服务网 www.cmpedu.com 注册后下载。咨询电话：010-88379534，微信号：jjj88379534，公众号：CMP-DGJN。

图书在版编目（CIP）数据

植保无人机操控技术：项目式·含工作页 / 陈红伟主编. — 北京：机械工业出版社，2023.1（2024.8重印）
职业教育无人机行业应用技术系列教材
ISBN 978-7-111-72579-4

Ⅰ.①植…　Ⅱ.①陈…　Ⅲ.①无人驾驶飞机 — 应用 — 植物保护 — 教材　Ⅳ.①S4

中国国家版本馆CIP数据核字（2023）第011506号

机械工业出版社（北京市百万庄大街22号　邮政编码100037）
策划编辑：王　博　　　　责任编辑：王　博
责任校对：贾海霞　王　延　　封面设计：马精明
责任印制：单爱军
北京虎彩文化传播有限公司印刷

2024年8月第1版第3次印刷
184mm×260mm·16.5印张·333千字
标准书号：ISBN 978-7-111-72579-4
定价：65.00元

电话服务　　　　　　　　网络服务
客服电话：010-88361066　机 工 官 网：www.cmpbook.com
　　　　　010-88379833　机 工 官 博：weibo.com/cmp1952
　　　　　010-68326294　金 书 网：www.golden-book.com
封底无防伪标均为盗版　机工教育服务网：www.cmpedu.com

前　言

无人机因其成本低、使用风险小、易操控、灵敏性高、可携带多种载荷完成工作任务等特点，被广泛应用在军事及民用领域，例如，航空拍摄、农林植保、交通管制、应急救援、安全监测、物流快递等方面。随着无人机行业应用进入成熟阶段，各细分领域对相应无人机人才的需求也更加紧迫。

在民用领域，伴随着我国农业种植不断向规模化、智能化发展，植保无人机市场发展渐入佳境。植保无人机不仅用于喷洒施药，还能进行撒肥、撒种、撒饲料等多种工作，满足农户多样化需求，提高生产效率。国内无人机公司也正在积极探索基于无人机技术的农业解决方案，共同推动全球农业的发展革新和进步。

本书在总结了 2022 年职业教育无人机相关专业要求及无人机驾驶员国家职业技能标准（植保）等内容的基础上，注重以学生就业为导向，培养能力为本位，符合专业教学改革精神，适应无人机高技能人才的培养要求，具有以下特点：

1）注重实用性，保证科学性，体现先进性；始终围绕"项目引领、任务驱动、工作页巩固"这一模式，体现"做中学、学中做"这一教学理念；理论知识部分本着够用的原则，重点突出对技能的培养，对每个任务的操作内容、方法、步骤进行了规范、具体的介绍。

2）注重每个任务的完整性，从任务的引导、知识的储备、实训操作的过程，到工作页任务的检验，结构合理，层次分明。

3）文字简洁，通俗易懂，以图代文、图文并茂，形象直观，有助于培养学生的兴趣，提高学习效果。

本书根据植保无人机操控场景分为 13 个项目，项目根据内容的多少分为若干个学习任务和实训任务，每个任务都大体分为以下几块：一是任务描述，主要介绍为什么要完成该任务及本次任务的主要内容；二是任务学习，主要介绍完成任务所需的理论知识和实训操作过程；三是任务核验，首先通过完成工作页手册检验任务学习的过程和效果，同时对整个项目完成效果进行评价和反馈。

目前，无人机产业有着广阔的市场前景，需要有更多的人才支撑产业的发展。因此，对无人机人才的培养成为推动无人机产业持续发展的重要环节之一。在全书编撰过程中，编者力求能够在知识领域深入浅出，在内容方面覆盖全面，帮助读者按照全书编写顺序完成学习后，基本能够掌握植保无人机操控技术并能够完成工作页手册的任务，从而为以后从事相关职业奠定一定的理论和实践基础。

本书是编者所在教学科研团队在无人机领域历年教学与科研实践工作的基础上，结合无人机植保行业应用的一个总结。编写分工如下：项目1和项目2主要由陈红伟编写，项目3主要由王磊编写，项目4主要由陈阆宇编写，项目5主要由刘烜志编写，项目6主要由王靖编写，项目7主要由付秀娟编写，项目8主要由王华编写，项目9主要由刘瑞祺编写，项目10主要由刘敏编写，项目11主要由马箭编写，项目12主要由姚晓光编写，项目13主要由姚翠芝编写。在此，感谢远洋航空科技（天津）有限公司为了推动中国民用无人机产业、教育、服务的快速发展，精心组织本书的编写工作；感谢各位专家在百忙之中抽出时间为本书提供指导意见和相关素材；感谢在编写过程中，给我们提供帮助的所有朋友。

由于编者的水平有限，书中不妥之处在所难免，恳请同行专家和广大读者不吝赐教。

编　者

目　录

前言

项目 1　植保无人机的认知 / 001
学习任务 1　植保无人机概述 / 001
学习任务 2　植保无人机的分类 / 007
学习任务 3　植保无人机系统组成 / 011
学习任务 4　植保无人机载荷类型 / 020

项目 2　植保无人机起飞前检查 / 023
学习任务 1　植保无人机操控安全常识 / 023
学习任务 2　植保无人机起飞前检查方法 / 033
实训任务　植保无人机起飞前检查实训 / 036

项目 3　植保无人机的飞行操控 / 040
学习任务 1　植保无人机作业模式 / 040
学习任务 2　植保无人机测绘技术 / 044
学习任务 3　植保无人机手动飞行操控 / 054
学习任务 4　植保无人机自主飞行操控 / 061
实训任务 1　植保无人机测绘实训 / 070
实训任务 2　植保无人机手动飞行实训 / 073
实训任务 3　植保无人机自主飞行实训 / 076

项目 4　植保无人机播撒技术 / 079
学习任务　植保无人机播撒技术概述 / 079
实训任务　植保无人机播撒作业实训 / 090

项目 5　植保无人机辅助设备操作 / 093
学习任务　植保无人机辅助设备操作概述 / 093
实训任务　植保无人机辅助设备使用实训 / 108

项目 6　紧急情况下植保无人机的操控 / 113
学习任务　紧急情况下植保无人机的操控概述 / 113
实训任务　紧急情况下植保无人机应急操作实训 / 117

项目 7　植保无人机的维护保养与储存 / 120
学习任务　植保无人机的维护保养与储存概述 / 120
实训任务　植保无人机维护保养实训 / 135

项目 8　农药安全使用常识及常见病虫害 / 139
学习任务 1　农药安全使用常识 / 139
学习任务 2　常见病虫草害的识别 / 144
实训任务　药物辨识与药剂配制实训 / 150

项目 9　植保无人机喷洒效果检验及飞防作业的实施 / 152
学习任务 1　植保无人机喷洒效果检验 / 152
学习任务 2　植保飞防作业组织与实施 / 155
实训任务　植保无人机喷洒效果检验实训 / 158

项目 10　植保无人机的拆装 / 160
学习任务 1　植保无人机维修工具与检测工具的认知 / 160
学习任务 2　植保无人机部件的拆装 / 163
实训任务　植保无人机部件拆装实训 / 169

项目 11　植保无人机故障分析及维修 / 172
学习任务 1　植保无人机控制模块故障分析及维修 / 172
学习任务 2　植保无人机传感器模块故障分析及维修 / 175
学习任务 3　植保无人机动力系统故障分析及维修 / 177
学习任务 4　植保无人机喷洒模块故障分析及维修 / 179

实训任务 1　植保无人机模块与传感器故障维修实训 / 182

实训任务 2　植保无人机动力与喷洒系统故障维修实训 / 183

项目 12　**植保无人机硬件程序刻录刷写及固件升级** / 185

学习任务　植保无人机硬件程序刻录与刷写技术 / 185

项目 13　植保无人机的售后服务 / 189

学习任务 1　售后维修工单系统和备件库管理 / 189

学习任务 2　植保无人机保险知识 / 194

学习任务 3　植保无人机售后服务规范 / 197

参考文献 /199

项目 1　植保无人机的认知

近几年，我国农业在生产方式、生产技术等方面不断发展创新，各类农业机械设备在耕地、播种、田间管理、收割等环节应用较为普遍，机械化程度较高，而农业植保领域因其特殊性导致机械化程度低，基本处于人工和半机械化状态，严重制约着农业集约化生产和农业现代化的实现。传统农药施用主要以人工背负药箱、手持喷杆喷雾为主，作业时间长、劳动强度大，而且喷药量较大，容易导致用药过量、成本增加、环境和农产品污染。植保无人机的问世，大大缓解了传统农药施用机械所带来的弊端和危害，实现科技赋能农业。

本模块主要内容包括植保无人机概述、植保无人机的分类、植保无人机系统组成以及植保无人机载荷类型。

学习任务 1　植保无人机概述

 知识目标

1. 了解植保无人机的概念及发展历程。
2. 了解植保无人机的优势特点。
3. 了解目前植保无人机的发展现状。
4. 掌握植保无人机的行业趋势和前景。

 任务描述

植保无人机是工业级无人机品类中发展最迅速、应用最广泛的一种。随着科技及相关行业的发展，植保无人机呈现出越来越智能化的趋势，操作越来越简单，效率和效果也越来越被农业从业者所接受。目前，我国无人机施药亩次已达到 18 亿亩（1 亩 = 666.6m²）次，位居世界前列。本学习任务主要介绍植保无人机的概念及发展历程、植保无人机作业的优势分析、目前发展所处现状和未来趋势前景。

任务学习

相关知识点 1：植保无人机的概念及发展历程

　　植保无人机，顾名思义是用于农林植物保护作业的无人驾驶飞机。该类无人机由飞行平台（固定翼飞行器、直升机、多轴飞行器）、导航飞控、喷洒机构三部分组成，通过地面遥控或导航飞控来实现喷洒药剂、种子、粉剂等的作业。

　　日本利用植保无人机的时间较早，产业体系相对成熟。从 1987 年日本 Yamaha 公司生产出世界上第一台农用植保无人机 R-50（见图 1-1）开始，已经历了 30 多年的发展历程。由于日本国土面积小，耕地面积小且分散，水稻地形多，对无人机依赖性大，促使农用无人机快速发展，用于播种、监测、施肥、喷药等作业。此外，韩国、巴西、俄罗斯、加拿大等都已将无人机应用于飞防（指用植保无人机喷洒农药）作业。

　　我国农用无人机发展起步较晚，目前正处于快速发展阶段。2004 年在科技部 863 计划的支持下，农业部南京农机化所等开始无人机植保的研究和推广，2007 年开始植保无人机的产业化探索。2010 年，中国第一架植保无人机交付市场，正式揭开了中国植保无人机产业化序幕。图 1-2 所示为"TH80-2"型油动单旋翼植保无人机。

图 1-1　日本 YamahaR-50 农用植保无人机

图 1-2　"TH80-2"型油动单旋翼植保无人机

　　2010—2016 年，植保无人机处于漫长的探索期，一直到 2016 年，国家重点专项"化学肥料和农药减施增效综合技术研发"和"地面与航空高工效施药技术及智能化装备"项目启动，极大地促进了植保无人机行业的发展。因此，2016 年也被称为植保无人机行业"元年"，全国涌现出 200 多家植保无人机企业，植保无人机机型也从原来的油动单旋翼直升机向电动多旋翼转变，图 1-3 所示为各类多旋翼植保无人机。

图 1-3　各类多旋翼植保无人机

回顾植保无人机的发展阶段，可分为概念阶段、演示阶段、尝试应用阶段、批量应用阶段和广泛应用阶段，机型也随之演变，从油动单旋翼到电动单旋翼、电动多旋翼，其载重不断加大，搭载播撒装置的技术也越来越成熟。植保无人机发展及机型演变导图如图 1-4 所示。

图 1-4　植保无人机发展及机型演变导图

从 2016 年开始，植保无人机进入了市场化阶段，短短几年，已经从批量使用进入广泛使用阶段。当然，这段时间的发展除了科技进步和行业发展的推动，国家的一系列政策也起到了很大的作用。

2017 年 3 月，原农业部（现农业农村部）就在全国"农机化工作会"上，首次提及将植保无人机纳入试点进行农机补贴。2017 年 9 月，原农业部、财政部、民用航空局联合印发《关于开展农机购置补贴引导植保无人飞机规范应用试点工作的通知》；紧接着 12 月，工业和信息化部印发《关于促进和规范民用无人机制造业发展的指导意见》；2018 年 3 月，农业部、财政部联合印发了《关于做好 2018—2020 年农机新产品购置补贴试点工作的通知》，明确表示要鼓励无人机在植保领域的发展创新。到 2021 年，国家把植保无人机纳入国家农机购置补贴目录，大大推动了植保无人机行业的发展。

同时，国家政策提出植保无人机在"高度 30m 内，农林牧区域上方，无须申报"，使得农林植保成为第一个、目前也是唯一一个空域放开的行业应用领域。除了军事和民航禁飞区外，植保无人机飞行作业，无须提前申报，随时起飞。

在行业细分领域方面，从"元年"开始，也呈现细分的方向，绝大部分厂家选择了技术难度相对比较容易的平整大田领域，如深圳大疆、广州极飞，如图 1-5a 所示；同时也有技术能力较强的企业，如苏州极目，选择地形较为复杂的丘陵山地经济作物领域，如图 1-5b 所示。

a）平整大田　　　　　　　　　　　　　　b）丘陵山地

图 1-5　平整大田作业场景（大疆植保无人机）和丘陵山地作业场景（极目植保无人机）

据行业相关数据，截至 2021 年底，全国植保无人机保有量达到 16 万架，全球第一，植保无人机作业亩次已达 18 亿亩次，无人机施药亩次已居全球前列。

植保无人机平
整大田作业　　　植保无人机丘
陵山地作业

相关知识点 2：植保无人机优势分析

1. 植保无人机相比有人机的优点

植保无人机不用安装与有人机驾驶员相关的设备，并且体积更小更轻便，操控灵活。无人机几乎可以贴着地面飞行，减少了药雾在非喷洒区的飘荡，适合在田野上精准喷洒，还能避免洒药人员因吸入农药而中毒。随着各个国家对植保无人机的接受度大幅提升，植保无人机的系统也在技术领域得到了飞速发展。

2. 植保无人机相比传统植保器械的优点

无人机植保作业具有精准、高效、环保、智能化、操作简单等特点，此外，植保无人机体积小、重量轻、运输方便、飞行操控灵活，对于不同的地块、作物均具有良好的适用性。

3. 植保无人机自身的作业优势

（1）适应场景广泛　植保无人机具有携带方便，使用优势突出，既能适应不同地形又可满足不同作物需求，而且不受作物种植模式的影响；植保无人机升降简单，不要求有专用跑道，对于地面大型植保机械较为棘手的水田、山地、坡地、不平整田地等，大都可以用植保无人机进行飞防作业。针对一些作物的不同生长阶段，无人机飞防作业也有很大优势。以甘蔗施药为例，在生长前期利用拖拉机作业，会损伤部分甘蔗苗；在甘蔗生长后期施药更为困难，拖拉机根本无法作业，而人工很难喷到甘蔗顶部且农药对人身健康存在巨大安全隐患，使用无人机喷洒则可以轻松解决这些问题。

（2）节水节药，节能环保　植保无人机为低空雾化喷洒，保证均匀喷施整个植株，可达到最佳防治效果。同时可以减少 10%~30% 的农药使用量，减少 90% 左右的用水量，对环境更为友好。

（3）效率高，效果好　植保无人机喷洒效率约为人工喷洒效率的 50 倍及以上，可在一定程度上解决当今劳动力缺乏、劳动力成本高等问题。此外，植保无人机飞防作业大多使用飞防专用药剂，作物吸收率比传统农药高得多。另外，植保无人机采用超低量喷雾喷洒方式，飞防作业高度低、飘移少，喷洒农药时旋翼产生的向下气流有助于增加药液对农作物的穿透性，使作物受药均匀，达到很好的防治效果。

（4）安全性高　植保飞防作业为远程遥控操作，人距离农药相对较远，减少了有毒农药对人体的伤害，还可以夜间作业，安全生产工作得到更大保障。

相关知识点3：植保无人机发展现状

根据行业企业提供数据汇总，截至 2021 年底，国内植保无人机保有量突破 16 万台，整体增长趋势迅速，如图 1-6 所示。

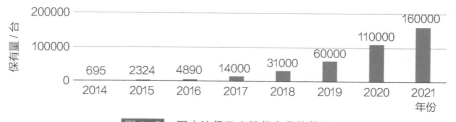

图 1-6　国内植保无人机保有量柱状图

但是就目前国内情况来看，植保无人机飞防作业分布的差异化还是非常大的，使用频率较高的地区有：黑龙江地区（90% 以上水稻田使用过无人机飞防）、新疆生产建设兵团地区、江苏地区、安徽地区、山东地区、河南地区、河北地区。而像云南地区、贵州地区、西藏地区和西南丘陵地区，由于地势陡峭复杂，飞行难度大，飞防作业面积非常少，但是这样的地区，反而对于植保无人机有刚性需求，因为地面机械无法进入，也没有其他可替代的植保工具。当然，这类地形对植保无人机的智能全自主防树冠飞行能力和喷洒系统的穿透性，提出了更高要求。

植保无人机行业应用经过这几年的发展，也呈现出一些规律和特点，如：

1）专业化服务组织涌现，高效解决了农作物防病治虫的问题，提高了农业社会化服务水平。

2）国家政策扶持，政府部门提供购机补贴、打药补贴或服务补贴等措施。

3）药械联动强化，更多的用户认识到无人机不仅是机械，更是药剂的载体和工具，注重"机剂技结合"。

4）需求市场细分，可用于播种、施肥、授粉、林业防治喷粉等领域。

相关知识点4：植保无人机的发展前景

当前，我国的农药用量大，但农药利用率相对于发达国家来说还偏低，大部分农药流失在土壤或水环境中，导致农田环境污染日趋严重，而国家提出了实现化肥农药零增加的目标，因此无人机精准喷施技术正符合我国农业发展规划。

1. 植保无人机市场潜力巨大

据公开数据，目前国内拥有超过9500万台人工背负式喷雾器，以每台无人机替换50台背负式喷雾器计，中国市场需要约200万台植保无人机。

2. 我国农田地形地貌及劳动力因素推动植保无人机的发展

我国农田类型多样，像丘陵、山地、水田、坡地等特殊农田使用常规喷药方式费时、费力、效率低，而且农村人口人均拥有土地少，土地相对分散；此外，农村存在人口老龄化的问题，青年劳动力逐渐减少，使用无人机进行飞防作业是提高农业机械化水平、集约化程度行之有效的手段。

3. 植保无人机将助力农业的数字化和现代化转型

随着乡村振兴战略的推进，植保无人机在智能化、物联网、大数据等要素的赋能下，在双减实施、变量施药、精准农业、智慧林业、智慧果园、无人农场等领域将发挥越来越重要的作用，必将助力农业高质量发展，成为农业数字化、现代化转型的有力抓手。

任 务 核 验

思考题

1. 简述植保无人机的发展历程。

2. 阐述植保无人机的优势。

3. 结合自己家乡的农业结构，说说植保无人机的行业前景。

学习任务 2 植保无人机的分类

 ## 知识目标

1. 掌握植保无人机按动力系统分类。
2. 掌握植保无人机按平台结构类型分类。
3. 掌握植保无人机按机架布局分类。

 ## 任务描述

　　植保无人机根据不同动力供给、不同的无人机平台架构和不同的无人机机架布局有不同的分类方式，本任务将系统介绍不同类型的植保无人机，从而让读者具备判断不同形态的植保无人机类别的能力，并能够从不同层次归纳其各自特点并在作业中进行准确选择。

 ## 任务学习

相关知识点 1：植保无人机按动力系统分类

　　植保无人机动力供给主要有电力、汽油燃烧、混合动力等几种方式，即根据植保无人机动力供给方式不同，主要有油动植保无人机、电动植保无人机、油电混动植保无人机三种。这体现了植保无人机发展历程：油动植保无人机—电动植保无人机—油电混动植保无人机。

三种动力植保
无人机起动
飞行

1. 油动植保无人机

（1）优势　油动植保无人机是市面上早期出现的植保无人机，具有代表性的是日本雅马哈单旋翼植保无人机。它以燃油发动机提供动力，具有较好的抗风能力，且载重比较大，航时长，单架次作业范围广；燃料方便获取，采用汽油混合物作为燃料。

（2）劣势　驾驶员操作油动无人机的难度与风险较大，发动机振动也比较大，噪声比较大，控制难度比较高。不完全燃烧的废油可能飞溅到农作物上，造成污染。发动机长时间工作时依靠风冷满足不了散热需求，尤其是在高温高湿季节或在南方湿热气候地区，油动植保无人机存在明显缺陷。尽管部分油动植保无人机改为水冷发动机，稍有改善，但未能在本质上解决散热不良和发动机寿命短的问题。另外，燃油发动机工作需要依靠空气中的氧气，不适用于高海拔地区。

油动植保无人机有单旋翼无人机和多旋翼无人机，如图1-7所示。

图 1-7　油动植保无人机

2. 电动植保无人机

（1）优势　电动植保无人机日常维护比较简单，无人机稳定性强，操作容易掌握，对驾驶员的操作水平要求不高；电动植保无人机利用锂电池提供动力，电池可重复使用，环保低碳，无废气，不会造成农田污染，电池寿命可达上万小时。电动植保无人机操作速度更快，指令执行更加迅捷，智能控制、自主飞行安全性更高。

（2）劣势　外场作业时，需要配置发电机，及时为电池充电；电池容量较小，载荷相比较其他动力机型较小，航时较短，因此单架次作业时间短，作业面积范围较小；抗风能力比较弱。

电动多旋翼植保无人机如图1-8所示。

图 1-8　电动多旋翼植保无人机

3. 油电混动植保无人机

（1）优势　采用两种动力模式，燃油发动机与电动机共同提供动力。燃油动力保证了无人机的持久续航能力，使其具有更远的飞行能力，载荷能力也大幅度提高；电力输出保证了无人机飞行的稳定性，并能及时响应相应的飞行指令。

（2）劣势　油动与电动的优缺点并存。混动植保无人机，发动机噪声与可能造成的污染问题都无法避免，发动机的使用寿命与长久工作的降温问题只是相对缓解，未能彻底解决。电池仍需充电，有些混动无人机采用类似"混动汽车"的能源供给模式，发动机会为电池进行充电，保障电量供应的持续性，但因为能量转换，所以降低了使用效率。

油电混动植保无人机如图 1-9 所示。

图 1-9　油电混动植保无人机

相关知识点 2：植保无人机按平台结构类型分类

植保无人机按照平台结构类型分类，可大致分为固定翼植保无人机、单旋翼植保无人机和多旋翼植保无人机。

1. 固定翼植保无人机

固定翼植保无人机机体模块化，具备简易、安全的起降系统，可按照多种模式自动执行飞行植保的任务，不过需要提高环境适应能力，对驾驶员的要求比较高。其航时更长、速度更快，飞行效率高，一旦失去动力还有一定机会依靠滑翔降低下降速度，从而降低坠机风险。但其对飞行的起降场地有较高要求，需要开阔的跑道用于起飞降落，并且无法实现悬停飞行。固定翼植保无人机以超低空飞行作业，距离作物冠层 5~7m，载重量大且飞行速度快，适用于平原地区的大面积作业。固定翼无人机载重量越高，则体形越大，单架次作业面积比其他几种机型大得多，但只能在障碍物少、地势平整的大田块区域作业，不适合小地块、小范围的作业任务，如图 1-10 所示。

图 1-10　固定翼植保无人机作业场景

2. 单旋翼植保无人机

无人机行业早期流行的植保无人机便是单旋翼植保无人机，但其局限性比较大，目前已逐步被多旋翼植保无人机所取代。单旋翼植保无人机的水平移动和升降主要是依靠调整主桨的角度实现的，转向是通过调整尾部的尾桨实现的，主桨和尾桨的风场相互干扰的概率较低。其特点是风场统一、下压风场大，能满足多种作物（如大田作物、高杆

作物、果树和较茂密作物）的作业需求。单旋翼植
保无人机的优点是作物适用面广、可有效延长作业
周期，功效比较高。单旋翼植保无人机的缺点是造
价非常高、操控难度大，对驾驶员素质要求较高；
驾驶员培训周期较长，通常需要 2~3 个月；故障较
多，售后及维护成本高。单旋翼植保无人机作业场
景如图 1-11 所示。

图 1-11　单旋翼植保无人机作业场景

3. 多旋翼植保无人机

多旋翼植保无人机保留了单旋翼直升机垂直起降的特点和空中悬停优势，结构简
单，实用性强，作业质量高，效率高，飞行平稳，易操控。其采用无刷电动机提供动力，
机身振动小，可以搭载精密仪器；地形要求低，作业不受海拔限制，可在西藏、新疆等
地区作业；起飞调校时间短、作业效率高；作业环保，无废气，符合国家节能环保和绿
色有机农业发展要求；易保养，使用、维护成本低；整体尺寸小、重量轻、可折叠，携
带方便；配备的喷药旋翼机充电系统，10~25min 即可充满，为持续作业提供了可靠的
电源保障；采用智能遥控，驾驶员通过地面遥控器及全球定位系统（GPS）对其实施控制，
旋翼产生的向下气流有助于增加雾流对作物的穿透性，防治效果好，同时远距离操控施
药大大提高了农药喷洒的安全性；机身姿态自动平衡，摇杆对应机身姿态，最大姿态倾
斜 45°，适合于灵巧的大机动飞行动作；具有前置摄像头，实时掌控飞行路径中的空
域情况；显示装置可实时查看飞行姿态、高度、电量等数据；整体操作简单，经过
7~15 天的培训即可完全掌握操作及设备维护。

多旋翼植保无人机采用模块化设计，使用与维护极其方便；采用锂电池作为飞行动
力，平均每组电池可连续工作 15min，目前载荷量为
10~40L；亩喷量、喷幅宽度、飞行高度和飞行速度
可自由调整；适用不同的地形与作物，是一部具有整
体尺寸小、重量轻、效率高等优点的植保无人机，如
图 1-12 所示。

图 1-12　多旋翼植保无人机

相关知识点 3：植保无人机按机架布局分类

目前市场上植保无人机以多旋翼电动植保无人机为主，固定翼与单旋翼无人机机架
布局变化不大，这里主要介绍多旋翼植保无人机机架布局。

多旋翼按照旋翼的个数有四旋翼、六旋翼、八旋翼等。无人机旋翼越多，则效率越
低。因此，衡量一架植保无人机的性能优良与否，旋翼的多寡并不能代表其飞行作业效
率的高低。植保无人机会根据其所需载荷重量对机架布局进行设计，载荷量越大，无人

机旋翼也就越多。不同的旋翼数量和布局，其飞行操作模式也不相同，按照旋翼数量不同机架布局分 I 形、X 形、V 形、Y 形等，如图 1-13 所示。I 形无人机操作起来更加灵敏，X 形与 V 形无人机的操作稳定性相对更高。四旋翼植保无人机多选用 X 形，六旋翼植保无人机可以选用 I 形与 V 形布局。

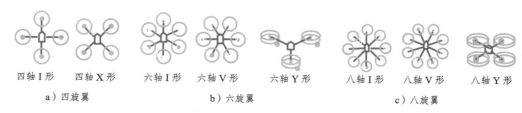

四轴 I 形　四轴 X 形　　六轴 I 形　六轴 V 形　　六轴 Y 形　　八轴 I 形　八轴 V 形　　八轴 Y 形

a）四旋翼　　　　　　b）六旋翼　　　　　　　　　　　　c）八旋翼

图 1-13　多旋翼植保无人机机架布局

任 务 核 验

思考题

1. 请列出植保无人机的各个分类方式。

2. 简述油动植保无人机、电动植保无人机的优缺点。

3. 简述多旋翼植保无人机机架布局分类。

学习任务 3　植保无人机系统组成

 ## 知识目标

1. 了解植保无人机的整体组成。
2. 掌握无人机机架的结构组成。
3. 掌握动力系统的组成部件。

4. 掌握传感、通信系统的组成。

5. 掌握喷洒系统的组成。

任务描述

本任务介绍植保无人机整机的结构与组成部件，包括机架系统、动力系统、传感控制系统、通信系统、喷洒系统等，从内到外剖析植保无人机的整体结构，并了解各部件的作用与工作原理。

任务学习

相关知识点 1：机架系统

1. 多旋翼植保无人机机架系统

多旋翼植保无人机机架系统包括机壳、机臂、横梁框架、脚架等，如图 1-14 所示。

（1）机壳　保护机身内部模块，防水防尘。防护的面积、占据的体积较大，一般采用塑料材质，质量轻，防水且强度适中，易加工塑形，成本较低。机壳一般也会进行造型设计，凸显无人机独特性或品牌特点。

图 1-14　多旋翼植保无人机机架系统

（2）机臂　用来连接机身与动力系统的结构，为动力系统提供支撑平台。机臂的材质多为碳纤维管，质量轻，坚固有韧性，少量无人机机臂采用钢架结构或合金。机臂结构可折叠，以减小运输空间体积。机臂内部一般可以隐藏动力或喷洒系统管线。植保无人机升力通过机臂传递给整体机身，因此对机臂强度与韧性要求较高。

（3）横梁框架　机身的主体框架，用来固定安放电池、药箱，固定各个模块系统。作为机架的主体结构，其强度较高，多为铝合金材质。框架内部有时也会隐藏部分连接线、信号线、导管，以连接飞机前后装置部件，并且更为美观。

（4）脚架　支撑机体，为起飞降落提供安全保障。在无人机降落时，起到缓冲作用。因其受到的冲击力较强，材质一般选用钢材管或合金管。与地面接触位置会加装防磨弹性垫圈，使无人机降落接地更加平稳。

2. 固定翼植保无人机机架系统

固定翼植保无人机机架系统包括机身、机翼、起落架、尾翼等，如图 1-15 所示。

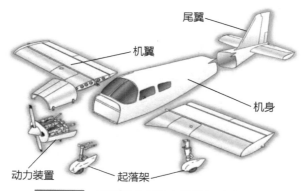

图 1-15　固定翼植保无人机机架系统

（1）机身　装载喷洒设备、燃料、控制模块等，同时它是其他结构部件的安装基础，用以将尾翼、机翼、起落架等连接成一个整体。

（2）机翼　机翼产生升力。机翼在飞机的稳定性和操纵性中扮演重要角色，机翼上安装的可操纵翼面主要有副翼、襟翼、前缘襟翼、前缘缝翼等。机翼还可用于安装其他设备装置，如发动机、起落架、轮舱、油箱、喷洒杆、药箱等。

（3）起落架　固定翼植保无人机滑跑起飞或降落接地装置。

（4）尾翼　保证无人机在空中的纵向与偏航稳定性，也可通过操纵水平尾翼舵面与垂直尾翼舵面使无人机做俯仰与偏航运动。

3. 单旋翼植保无人机机架系统

单旋翼植保无人机机架系统主要由主旋翼控制组、机架、尾管、起落架等组成，如图 1-16 所示。

（1）主旋翼控制组　它是单旋翼植保无人机的飞行核心部件，通过主螺旋桨控制组件改变旋桨的桨距来变换姿态，控制无人机飞行。

（2）机架　用来固定无人机的控制组件，支撑整体机身。

（3）尾管　固定尾桨，稳定无人机飞行。

（4）起落架　支撑整体无人机，在无人机降落时起缓冲作用。

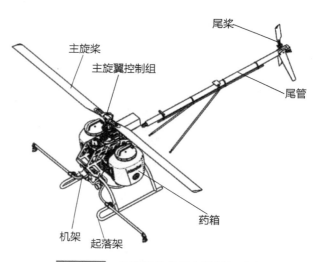

图 1-16　单旋翼植保无人机机架系统

相关知识点 2：动力系统

1. 多旋翼植保无人机动力系统结构组成

多旋翼植保无人机动力系统主要由桨叶、电动机、电子调速器（简称电调）、电池等组成，如图 1-17 所示。

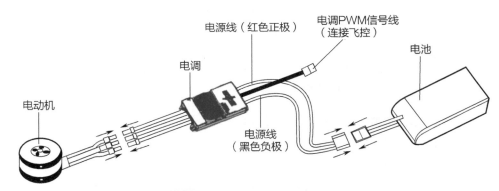

图 1-17　多旋翼植保无人机动力系统

（1）桨叶　将电动机的动能转化为升力，为无人机提供向上的升力。桨叶有正反桨之分，顶视逆时针旋转产生升力的桨为正桨，用 CCW 表示。反桨为顺时针旋转的桨，用 CW 表示。螺旋桨的材质不同，性质也不同，现在多旋翼植保无人机较多使用碳纤维桨叶，如图 1-18 所示。

（2）电动机　将电能转化为机械能的一种转换器，驱动螺旋桨旋转。一般电动机上都标注其型号及 KV 值，反映其尺寸及转速增值。植保无人机采用三相外转子无刷电动机，效率更高，如图 1-19 所示。需要注意的是，电动机的选用要与桨叶相互匹配。

图 1-18　碳纤维桨叶　　图 1-19　外转子无刷电动机

（3）电调　将电池所提供的两相电转换为三相电供给电动机，驱动电动机转动并控制电动机转速。多旋翼电动植保无人机一般采用无刷电调，如图 1-20 所示。由于电调运行时会承受较大的瞬时电流，所以一般选择额定电流为工作电流 3~5 倍的电调。

（4）电池　为无人机整体运行提供电力能源，多为聚合物锂离子智能电池，如图 1-21 所示。其外部有防水包装且可循环多次使用，充电快捷，具备智能保护系统。电动植保无人机智能电池价值较大，使用、运输、储存都有操作规范。

图 1-20 无刷电调

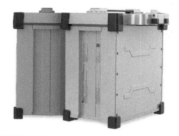

图 1-21 聚合物锂离子智能电池

2. 固定翼植保无人机动力系统

固定翼植保无人机动力系统一般由桨叶、发动机、油箱等组成，如图 1-22 所示。

桨叶

油箱

发动机

图 1-22 固定翼植保无人机动力系统

（1）桨叶　固定翼植保无人机多采用木质桨叶，桨叶旋转产生使无人机前进的牵引力。

（2）发动机　发动机主要分为活塞式发动机、涡喷发动机、涡扇发动机、涡桨发动机、涡轴发动机、冲压发动机、火箭发动机和电动机等。目前，主流的民用无人机所采用的动力系统通常为活塞式发动机和电动机两种。固定翼植保无人机发动机多使用燃油活塞发动机。活塞式发动机属于内燃机，它通过燃料在气缸内的燃烧，将热能转变为机械能。活塞式发动机系统一般由发动机本体、进气系统、增压器、点火系统、燃油系统、起动系统、润滑系统以及排气系统构成。

（3）油箱　油箱位于无人机机身内部，并伴有辅助增压装置。油箱结构材料的选择取决于飞机的类型和用途。一般来说，油箱和燃油系统所选用的材料和飞机使用的燃油不会起化学反应。由于铝合金具备重量轻、强度大、易成形和易焊接等优点，因此在油箱结构中用得非常普遍。部分体形较小的固定翼植保无人机也使用塑料材质油箱。油箱可安装在机体或机翼内部。

3. 单旋翼植保无人直升机动力系统

单旋翼植保无人直升机动力系统一般由主旋翼、尾桨、变速器、发动机等组成，如图 1-23 所示。

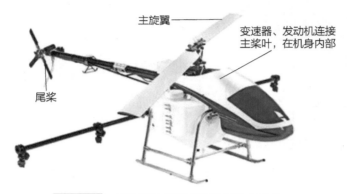

主旋翼

变速器、发动机连接主桨叶，在机身内部

尾桨

图 1-23 单旋翼植保无人直升机动力系统

（1）主旋翼　单旋翼植保无人直升机的主旋翼是无人机升力的来源，主旋翼升力既要满足植保无人直升机载药升空要求，又要使植保无人直升机能在水平方向上前后左右移动。旋翼强度要求高，一般为合金材料。

（2）尾桨　作用是平衡植保无人直升机机身的反转矩，平衡无人直升机机身及控制无人机航向。尾桨的转动是通过传动带实现的。

（3）变速器　将发动机的输出转速进行减速，从而获得更大的转矩来驱动飞机。

（4）发动机　动力的来源，目前分为油动发动机和无刷电动机，如图 1-24 所示。

图 1-24 油动发动机和无刷电动机

相关知识点 3：传感、通信系统

1. 多旋翼植保无人机传感、通信系统

多旋翼植保无人机传感、通信系统所包含的部件较多，有飞控组件、电源电池管理模块（PMU）、无人机计算机（CPU）、传感器模块、通信管理模块（Unicom）、实时动态定位（RTK）、GPS、接收机、视觉模块（FPV）等。

（1）飞控　飞控系统是无人机的核心设备，它包括陀螺仪、加速度计、磁力计、气压计、电调控制及导航解算和控制单元等。飞控相当于植保无人机的大脑，控制着无人机飞行姿态，保障无人机飞行的稳定性，如图 1-25 所示。

图 1-25　三种不同类型的飞控

（2）传感器　探测周围环境，把障碍物情况处理计算，综合判定出目前飞行的状态和做出下一步要如何飞行的决定，发送飞行指令给飞控；通过飞行控制，实现无人机避障、仿地（根据地形地貌进行数据建模并模仿地形生成飞行路线）。传感器种类较多，为使植保无人机适应各种飞行地形，有些植保无人机厂家将多种传感器进行整合，如图 1-26 所示。

（3）RTK　实时动态定位技术，采用了载波相位动态实时差分方法，能够在野外实时得到厘米级定位精度。为了使植保无人机能够完成自主作业飞行，需要加装 RTK 天线装置，使其定位更精准，如图 1-27 所示。

图 1-26　声波、激光、毫米波集成传感系统

图 1-27　两款 RTK 定位天线

2. 固定翼植保无人机传感、通信系统

固定翼植保无人机传感、通信系统和多旋翼无人机组成类似，但因为固定翼无人机飞行范围较远，所以在通信设备上固定翼无人机一般配备自跟踪抛物面卫星天线进行超视距通信。固定翼无人机传感、通信系统包括飞控系统、传感系统、定位导航系统等。

（1）飞控系统　控制无人机完成起飞、空中飞行、执行任务、返场回收等整个飞行过程的核心系统，对无人机实现全权控制与管理，是无人机执行任务的关键。

（2）传感系统　固定翼植保无人机上装载压力传感器、温度传感器、液位传感器、加速度计、陀螺仪、地磁传感器、第一人称主视角（FPV）视觉传感器等。固定翼无人机飞行收到各种传感装置监测数据，辅助飞控控制飞行。

（3）定位导航系统　固定翼植保无人机定位系统中应用 GPS，定位系统精度有偏差，无人机飞行速度较快，导致位置变化较快，会存在高精度定位信息滞后。通过定位的位置信息与地图航线来确定无人机飞行路线。

（4）通信系统　固定翼植保无人机通信系统集成于机载设备模块中，主要包括指挥与控制（C&C）、空中交通管制（ATC）、感知与规避（S&A）三种链路通信需求。指挥与控制链路通常是地面站或遥控器与无人机的控制通信链接；空中交通管制是无人机链接的基站、云平台，用来管控无人机飞行；感知与规避是无人机感知系统所采集信息息、规避运输的数据与地面站之间的传递。

3. 单旋翼植保无人直升机传感与控制系统

单旋翼植保无人直升机传感与控制系统包括飞控系统和感知、通信系统等。

（1）飞控系统　包括陀螺仪、加速度计、气压计、电调控制及导航解算和控制单元，是植保无人机的大脑，控制其作业飞行全过程。

（2）感知、通信系统　植保无人直升机采用综合无线电系统，包括无线电传输与通信设备等，由机载数据终端、地面数据终端、天线、天线控制设备等组成，飞控集成中的各感应器采集收集飞行信息。

植保无人机通信
与避障演示

相关知识点 4：喷洒系统

作为载荷装置，各类型无人机的喷洒装置结构基本相同，这里不做分类介绍。喷洒系统主要由药液箱、水泵、管路、喷头、流量计、液位计、喷洒模块等组成。

（1）药液箱　装载农药并过滤杂质残渣，防止堵塞，为植保作业提供持续的药量供给，如图 1-28 所示。一般会有定位槽，使药液箱固定在机架上。其多采用塑料材质，质量轻，防水防药剂腐蚀，塑形简单，价格便宜。

（2）水泵　输送药液使药液增压，使药液从药箱中输送到管道及喷头处，如图 1-29所示。

（3）管路　连接水泵、喷头、药箱、流量计，输送药液。

（4）喷头　药液通过水泵产生的压力通过喷嘴并产生雾化，最终实现喷洒。不同的喷头雾化效果不同，市面上有压力喷头与弥

图 1-28　药液箱　　　图 1-29　水泵

雾喷头。图 1-30 所示为弥雾喷头，双层切割雾滴微粒，雾化效果更好，更均匀。

（5）流量计 用于精确计算实际药液流量，使作业用药量更精准。常见的流量计种类有压差流量计、容积流量计、涡流流量计、超声波流量计、电磁流量计等，各有其功能特色。利用压差、容积等物理量测算流量可能会对液体流速造成一定影响，采用超声波、电磁波的流量计精度高，不影响流体。图 1-31 所示为超声波流量计。

 图 1-30 弥雾喷头   图 1-31 超声波流量计

（6）液位计 实时监测剩余药液量。液位计可分为超声波液位计、雷达液位计、投入式液位计、液位传感器等。图 1-32 所示为投入式液位计，下方是长长的液位传感探杆，投入药箱中固定，实时监测药箱中药液变化情况。

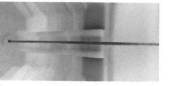

图 1-32 投入式液位计

（7）喷洒模块 喷洒模块属于控制模块，可控制流量、水泵起停等，是喷洒系统的大脑。在植保作业中，喷洒模块可控制无人机亩喷量（亩施药量），但亩喷量与无人机飞行速度、飞行高度、喷头开口大小等有关联，所以有些无人机调参软件会关联部分数据参数，调节时，可能遇到参数冲突。

======= 任 务 核 验 =======

思考题

1. 请列出不同类型植保无人机的机架系统组成。

2. 简述植保无人机动力系统，传感、通信系统组成。

3. 请列出多旋翼植保无人机喷洒系统组成部件。

学习任务4　植保无人机载荷类型

知识目标

1. 掌握无人机喷洒装置的类别与特点。
2. 掌握无人机播撒装置分类与特点。
3. 掌握弥雾设备的技术特点。
4. 掌握载荷设备的类别和功用。

任务描述

　　无人机通过搭载不同的载荷设备用于不同的用途。植保无人机不仅能够搭载喷洒设备进行药剂喷洒，还能够搭载播撒设备均匀播撒不同的种、肥、饲料。本任务主要介绍植保无人机的载荷设备类型及技术特点，从而了解植保无人机的前沿技术知识。

任务学习

相关知识点1：喷洒装置

　　植保无人机适应不同的施药环境，作业效率高，不受作物长势限制，适应性广，用药量、用水量少，利于节省药液，保护环境。植保无人机的喷洒系统主要由药箱、水泵和喷头组成。

　　植保无人机行业常见的喷洒系统的组合方式有三类，一类是"压力泵＋压力喷头"的组合方式，另一类是"蠕动泵＋离心喷头"的组合方式，最后一类是"蠕动泵＋弥雾喷头"的组合方式。喷洒系统的核心设备是喷头，喷头的好坏直接影响喷洒作业的效果。下面主要介绍压力喷头、离心喷头和弥雾喷头，如图1-33所示。

a）压力喷头　　　　b）离心喷头　　　　c）弥雾喷头

图1-33　常用喷头

1. 压力喷头

1）雾化原理：药液通过泵产生的压力，在通过喷头时，破碎成细小雾滴，雾滴粒径主要受喷头压力及孔径的大小影响。

2）优势：药液下压压力大，喷洒架结构简单，成本低。

3）劣势：雾滴雾化均匀性相对较差；无法通过远程控制调节泵压来改变喷雾粒径；不适用于粉剂，易造成喷头堵塞。

2. 离心喷头

1）雾化原理：通过电动机带动喷头高速旋转，通过离心力将药液分散成细小雾滴颗粒，成雾粒径主要受电动机电压的影响。

2）优势：产生的雾滴粒径小，雾化均匀；更容易精准控制喷洒流量；适用农药品类多。

3）劣势：药液相对易漂移；雾化控制成本高；高转速对喷头电动机轴承寿命影响较大。

3. 弥雾喷头

1）雾化原理：通过水泵将具有压力的药液导入喷头，正反旋转喷盘切割雾滴，达到最佳雾化效果。

2）优势：雾化的雾滴粒径非常细，可达 20~250μm，范围可调节。

3）劣势：对于喷洒需求雾滴粒径大于 100μm 的，需手动调节喷头，拆除喷盘齿。

三种喷头喷洒
场景

相关知识点 2：播撒装置

近年来，集施药、播种、撒肥等多功能于一体的植保无人机正在成为智能农机新热点，播撒更是备受农户关注。播撒系统主要应用在种子播撒、草原草籽补播、固体肥料播撒、鱼虾塘饲料播撒、融雪剂播撒等领域，在地形复杂的渔业、林业领域也有众多需求场景可待开发。无人机播撒的主要优势在于效率高，节省大量时间和人力成本，同时兼顾了均匀性、稳定性和灵活性。

市面上的播撒系统主要有三类，分别是离心播撒盘式、喷气风送式和螺旋送料甩盘式。离心播撒盘式应用离心力将物料甩出；喷气风送式利用高速气流吹出物料；螺旋送料甩盘式是螺旋送料结合甩盘，也是利用离心力甩出物料。图 1-34 所示为多旋翼植保无人机及离心播撒盘系统。

图 1-34　多旋翼植保无人机及离心播撒盘系统

相关知识点 3：弥雾装置

植保无人机上的弥雾装置类似于农业中使用的弥雾机。弥雾机主要由机架、脉冲发动机、供油箱、喷管、药液箱、喷头、脉冲电源和充气装置组成。普通的弥雾装置用于将液体或粉状药剂的水溶液以雾滴状喷洒到防治目标上，主要分喷雾器、弥雾机和超低量喷雾器 3 类。在地面上常用的农业喷雾装置有手动喷雾器、担架式机动喷雾机、背负式机动弥雾机、与拖拉机配套的喷杆式喷雾机、果园用风送式弥雾机和手持电动机超低量喷雾器。植保无人机上搭载的弥雾装置要求更加小巧轻便，既要满足弥雾需求，又不能增加载荷负担。无人机厂家也研制出了无人机搭载的弥雾喷头，图 1-35 所示为弥雾喷头工作效果。

图 1-35　多旋翼植保无人机与无人植保直升机弥雾喷头工作效果

传统弥雾机工作时，脉冲式喷气发动机产生的高温高压气流从喷管出口处高速喷出，打开药阀后水箱里的气压将药液压至爆发管内，与高温高速气流混合，在相遇的瞬间，药液被粉碎雾化成烟雾状从喷管中喷出，并迅速扩散弥漫，主要用于农业喷雾作业。

植保无人机上所使用的弥雾设备，要求体量小、质量轻、无噪声污染。相比传统脉冲形和加热形弥雾喷头，能够常温雾化，这样不会因高温加热损失部分药效。弥雾装置能耗尽量低，要尽可能适用不同型号的药剂，安全性高，装配方便。

■■■■ 任 务 核 验 ■■■■

思考题

1. 请列举植保无人机喷洒装置有哪几种？

2. 简述植保无人机播撒装置的种类。

3. 请列出植保无人机弥雾装置所具备的特点。

项目 2　植保无人机起飞前检查

近年来，我国植保无人机在农林方面的投入量和作业量不断增加。植保无人机作为新兴的农业机械正在被广大农户所接受。但由于各种安全隐患的存在，植保无人机"炸机"（失控后坠落）与安全事故不断发生。为了避免这一问题，保障植保无人机能够更好地服务社会，学习并掌握植保无人机的各项安全知识，切实履行相关操作安全规定，是每一位从事植保无人机行业人员的必备素养。本模块介绍植保无人机在真实作业环境中需要注意的各项安全问题知识。

学习任务 1　植保无人机操控安全常识

 ### 知识目标

1. 掌握从业人员的安全要求。
2. 掌握植保无人机的设备安全要求。
3. 掌握植保无人机的作业环境安全要求。
4. 掌握植保无人机的飞行安全知识。

 ### 任务描述

由于植保无人机飞行操作具有一定的危险性，植保无人机作业失误将直接影响飞机与驾驶员的人身安全，也会对周围环境安全、植保作业质量和效果产生影响。因此，掌握植保无人机操控安全知识是保障植保无人机驾驶员自身安全与无人机飞行安全的必备要求。另外，还要掌握植保无人机作业相关的设备、飞行、作业环境等标准规范内容，从而促进植保无人机作业的规范化、标准化，提高无人机和驾驶员的安全性，也可以促进植保无人机整机性能，提高无人机作业应用效果。

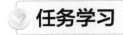

任务学习

相关知识点 1：人员安全要求

植保无人机人员安全规则包括人员资格要求、人员操控能力要求和人员其他要求。人员安全规定是保障相关人员在使用操作无人机时的安全。

1. 人员资格要求

在我国，无人机驾驶员操控无人机，需要符合《民用无人机驾驶员管理规定》中的相关要求：担任操纵植保无人机系统并负责无人机系统运行和安全的驾驶员，应当持有按本规定颁发的具备 V 分类等级的驾驶员执照（见图 2-1），或通过经农业农村部等部门规定的由符合资质要求的植保无人机生产企业自主负责的植保无人机驾驶员培训考核（见图 2-2）。

图 2-1　无人机驾驶员执照　　　　图 2-2　企业植保无人机驾驶员培训合格证

2. 人员操控能力要求

无人机驾驶员必须通过专业的理论培训，了解无人机结构、性能、飞行原理、飞防技术、播撒技术以及法律规范；无人机驾驶员必须通过教员带飞、个人单飞、飞行作业演练等必要小时数的实际操作训练，掌握并具备植保无人机安装、手动操控、自动飞行以及安全作业和应急处置的综合能力。

植保无人机理论课程包括：

1）植保无人机的发展与前景。

2）植保无人机的结构与系统组成。

3）植保无人机作业规范流程与常规注意事项。

4）植保无人机播撒技术。

5）植保无人机安全作业和应急情况处理。

6）植保无人机维护保养与故障排除。

7）农药基础知识和植保用药安全。

8）植保无人机施药技术。

植保无人机实训课程见表 2-1。

手动飞行教学

表 2-1　植保无人机实训课程

课程	项目	地面	带飞	单飞	课时
1	模拟飞行	20			20
2	植保无人机拆装、维护、维修保养	4			4
3	起飞与降落训练		2	2	4
4	本场带飞		5		5
5	本场单飞			3	3
6	紧急情况下操纵和指挥		5	5	10
7	植保无人机运行	4			4
8	考核与结业	1		1	2
合计		29	12	11	52

3. 人员其他要求

1）无人机驾驶员须身体健康、反应灵敏、识别能力强，建议年龄在 16~60 周岁。

2）无人机驾驶员须无色弱、无红绿色盲。

3）无人机驾驶员如饮酒、服用相关药物，以及具有特定疾病、怀孕、过度劳累等不适合操控的情形，严禁操作植保无人机。

4）明确药剂特性，不错误选择药剂。

5）明确药剂用量，不过量使用。

6）熟悉植保无人机飘移特性，具备风险控制意识。

7）明确药剂的敏感性作物，不发生飘移药害。

8）明确药剂对养殖物的安全性，特别针对虾蟹养殖区。

相关知识点 2：设备安全要求

植保无人机作为农用机械，价格不菲，遵循设备安全规范操作无人机，不仅能够给用户带来经济上的保障，也可以提高作业效率。

植保无人机设备安全规则包括实名登记、重要性能指标和设备保险。

1. 实名登记

植保无人机应在使用前在机身进行标识，注明该植保无人机的型号、编号、所有者、联系方式等信息，标识应符合GB/T 13306—2011《标牌》的规定。正规厂家生产合格的植保无人机机型，使用前需完成民航系统实名登记。网址：https://uom.caac.gov.cn，如图2-3所示。

图2-3 民用无人机实名登记

2. 重要性能指标

（1）设备参数 电池、桨叶、机架系统、通信链路（搜星数、遥控器与无人机的通信正常等）达到飞行时的参数要求。

（2）操控设备 应具有显示植保无人机的实时位置、高度、速度等信息的仪器仪表。

（3）身份标识 植保无人机所有危险的部位，应固定永久性的安全标识，安全标识应符合 GB 10396—2006《农林拖拉机和机械、草坪和园艺动力机械 安全标志和危险图形 总则》的规定。

（4）药液箱指标 药液箱额定容量值和加液孔直径应符合 GB/T 18678—2002《植物保护机械 农业喷雾机（器）药液箱额定容量和加液孔直径》的规定。

（5）质量指标 植保无人机质量和性能应满足植保作业的要求，作业质量指标符合 NY/T 3213—2018《植保无人飞机 质量评价技术规范》的规定。

3. 设备保险

植保无人机作业前必须按规定购买保险，植保无人机作为一种精细的设备，本身就是易损的。在实际场景的植保作业操作中，无人机在飞行时又常有突发情况或操作不当，更容易造成意外的第三方损失，给无人机使用者带来经济压力。因此，配置植保无人机保险，不仅是对他人的保护，更是对自己、对无人机的保护。

（1）机身险 机身险可选择购买，以保障无人机在飞行过程中，因为意外原因坠落造成无人机损坏，保险公司赔付保障范围内维修、换新费用。

（2）第三者责任险 第三者责任险是规定必须购买的，以保障无人机在飞行过程中，因为意外原因坠落造成第三者损失，保险公司在保障范围内按实际损失金额进行赔付。

相关知识点 3：作业环境安全

影响植保无人机作业环境安全的四大因素有地面因素、磁罗盘与卫星信号、周边环境及天气因素。

1. 地面因素

高大建筑物、山谷或树木都会影响植保无人机卫星信号的传输。许多无人机在靠近高大建筑物飞行时经常会发生莫名其妙的坠机事故，这看似偶然的背后其实有其必然性。靠近高大建筑物飞行会对无人机造成两方面威胁。

1）GPS 卫星信号在空气介质中直线传播，当无人机过于靠近建筑时不能接收到足够数量的 GPS 信号，如图 2-4 所示，从而导致无人机跳出定点模式变为姿态模式，进而撞上建筑物坠机。

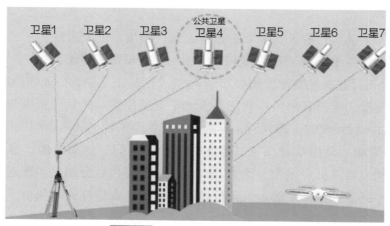

图 2-4　卫星信号被建筑物影响

2）建筑物外墙会用到多种材料，有些材料会反射 GPS 信号，造成"多径"现象，即形成了假信号从而干扰导航系统，导致了"乱飞"。

2. 磁罗盘与卫星信号

植保无人机磁罗盘校准时应在室外进行，室内因受建筑的影响，地磁与外部存在差别。当植保作业的地域跨度较大，闲置时间久或位置变化较大时，都需要对无人机的磁罗盘进行校准。磁罗盘工作也要远离强大磁场区，如大块金属、铁质栅栏、磁铁矿脉、停车场、桥洞、高压线、变电站等。

在一定范围内，GPS 接收到的卫星数量越多，其导航的精度也越高。如果飞行区域建筑众多或者地形凹陷，则会影响 GPS 信号的接收，导致能够接收的卫星数量过少。不在室内飞行，因为室内并没有 GPS 信号，起飞后将产生漂移。不在距离较近的高楼之间进行飞行，因为高楼的遮挡会导致 GPS 信号不佳。不在峡谷底部之间进行飞行，因为峡谷会导致 GPS 信号不佳。

3. 周边环境

1）坡地作业，地表条件不能超出厂家规定的要求，否则不得使用植保无人机作业。

2）作业区及周边 10m 范围内应避免有电线杆、树木及建筑物等影响植保无人机作业的障碍物。

3）作业区应远离养殖场、学校、医院及居民生活区，远离水源地、牧草地等其他生态敏感区。

4）按照当地的农艺要求，根据粮经作物不同的种类和生长期，病虫草害种类等因素，设定合理的施药作业参数。

5）确定作物的安全性，明确作物收获安全间隔期、环境的安全性。

4. 天气因素

影响植保无人机飞行的天气因素有雾霾、风、环境温度及湿度。

（1）雾霾影响　在雾霾下能见度较低，植保无人机需要谨慎飞行。严重雾气下湿度较大，有可能对飞行器造成损害，不建议飞行。能见度是正常视力的人在当时天气条件下，从天空背景中能看到或辨认出目标物的最大水平能见距离。能见度距离短的飞行环境，将影响驾驶员对飞行距离的正确判断，容易导致超视距飞行，从而影响飞行安全。

（2）风的影响　风影响着飞机的稳定性、续航时间、运动轨迹、速度和航向等。无人机的抗风能力与其机身重量、动力冗余、飞控等特性息息相关，在起飞之前必须对飞行器的抗风等级做到深刻了解。大部分植保无人机，都应在四级风以下进行飞行，以保证飞行器安全和作业效果。大风天气除了影响无人机的飞行能力，还会影响无人机喷洒作业能力，造成喷洒药液飘移，可能危害到其他区域。

（3）环境温度影响　环境温度对于飞行器的影响，主要是改变聚合物锂电池的充放电性能。锂聚合物电池属于化学电池，其充放电过程就是内部进行化学反应的过程。低温将使无人机续航时间降低、飞行动力减弱。低温下飞行时，需对电池进行预热。在北方集中供暖区域，当室外温度较低时，直接将无人机由室外带至有暖气的室内，将导致飞行器内部水汽凝结，有可能使飞控系统以及电调受到凝水的影响，从而导致故障。

高温情况下，电动机、电池都会处于较高温度下工作，需要注意作业时长，注意降温。南方夏季作业可以选择早晚时分或进行夜间作业，天气凉爽，夜间施药效果也更好些，如图 2-5 所示。

（4）湿度影响　潮湿空气，会使多旋翼飞行器的金属部分产生腐蚀。金属腐蚀后，不仅会降低材料的强度、缩短使用时间，而且有可能会造成电路短路等情况，从而影响飞行器的正常工作。设备必须放置在干燥环境下，避免放置在潮湿环境当中，如果存储

图 2-5　植保无人机夜间作业

设备较多，并且湿度较大，则建议开启除湿机。如果无人机因潮湿发现锈迹，则要及时除锈并对无人机进行防锈处理。生锈的螺钉需及时更换，避免在完全锈蚀后无法取出。

相关知识点 4：飞行安全

植保无人机飞行安全规则包括：禁止飞行原则、飞行作业前安全准备、飞行操作注意事项、发生安全事故的原因分析等。

1. 禁止飞行原则（五不飞）

1）禁飞区不飞。

2）无驾驶员合格证者不飞。

3）无人机设备状态不明不飞。

4）人口稠密区上空不飞。

5）驾驶员精神状态不佳不飞。

2. 飞行作业前安全准备（六项准备）

（1）作业时间安排　避免在高温天气下中午连续作业，不仅药效不佳，而且容易中暑；避免长时间连续作业。

（2）设备运输　建议使用人机分离的运输车形。如果人机不分离，则运输时应注意以下事项：

1）植保机在装车前一定要装入清水清洗整个喷洒系统。

2）车辆尽量避免关闭车窗，保持空气流通。

3）绝对禁止关闭车窗开启空调内循环，否则极易造成人员吸入中毒。

（3）自身防护

1）植保无人机驾驶员应穿戴遮阳帽、口罩、眼镜、防护服，地勤在此基础之上还应戴手套，以避免手部沾染农药。

2）禁止穿短裤及拖鞋进行作业，避免因蚊虫、蛇叮咬而造成的损伤，在南方水田作业还应穿水鞋。

3）喷洒毒性较强的药剂时，须备齐必要的临时药品和工具。

（4）配药防护

1）配药人员应在穿戴防护设备齐全的前提下，按照二次稀释法的操作要求作业。

2）在开阔的空间进行配药，禁止在密闭空间、下风向等情况下进行配药。

3）使用质量好的橡胶手套，不仅耐用性要好，而且不渗透、耐蚀性好。不应该使用一次性塑料薄膜手套。

4）不可使用无标签的农药，否则农药的毒性无法判断，可能产生药效不佳或者农药中毒事件。

（5）无人机及辅助设备检查

1）长期闲置或转移地点较远，飞行器应做磁罗盘校准，避免出现异常。

2）起飞之前应确认摇杆模式，避免摇杆模式错误。

3）起飞之前确认机臂与螺旋桨都已展开。

4）起飞前确认遥控与电池电量充足，避免因遥控器电量过低导致无人机失控。

5）使用燃油发电机组充电时，发动机应朝向空旷区域排放烟气，避免朝向人群、电池或农药等排放烟气。

6）如需购买使用散装汽油，则应按国家燃油购置规定，持有效身份证件在指定加油站登记购买，汽油应当天用完，禁止从非正规渠道购买散装汽油，以及禁止携带散装汽油跨区域运输。

（6）熟悉作业环境

1）在每次作业之前，对不熟悉的环境一定要问清楚对方地理环境是否符合作业要求（空中障碍物、水源、配电、是否禁飞），路程近的可以提前去做好环境勘察。

2）要确定是否有充电的地方。

3）对飞行线路要有准确规划，不能盲目地进行作业，要确保能高效地作业。

4）一定要带上无人机原装的工具，以免在作业过程中出现突发情况。

5）至少进行一次试飞，以保证飞机可以正常作业。

6）到作业点后，选择好作业面，设置安全作业警戒线，以免无关人员靠近出现伤人事件（尽量选择靠山体的一方作为起飞点和降落点、药物配制点）。

3. 飞行操作注意事项（十三条）

1）飞行高度要求。禁止超高空飞行（植保无人机飞行禁止超过地面30m以上）。

2）飞行距离。作业飞行时，操作人员、辅助人员等现场人员与无人机始终保持15m以上的安全距离或参照厂家使用说明书规定的安全距离。

3）起飞和降落。驾驶员应选择环境较好的道路起飞和降落，起降地点周围 5m 范围内应无障碍物。

4）飞行方向。禁止面向人员、民宅、太阳、高压线架、电线杆等。

5）横风飞行。平坦地带的喷洒飞行应遵从横风喷洒原则。人员应站在上风向处，并且注意下风口是否有人员、作物、财产等易受作业影响的情况，如图 2-6 所示。

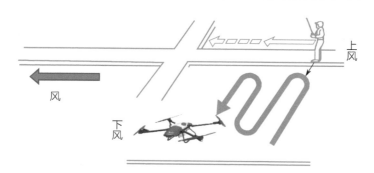

图 2-6　植保无人机横风飞行

6）作业地块规划。作业路径应均匀覆盖作业区域，且注意不对周边环境产生药害。喷洒易产生药害的农药如除草剂或高毒农药，应至少留有 15m 的间隔带或采取有效措施，否则禁止作业。

7）严禁不按喷洒守则高速喷洒。

8）驾驶员在自己的飞行操控能力范围内操控飞行。

9）手动飞行时，时刻注意人员与飞机安全。

10）围观人员距离无人机 20m 以上。

11）及时更换电池，不要过度放电，损害电池寿命。

12）注意观察周边的电线杆、斜拉索、高压线，避免产生撞击。

13）植保无人机螺旋桨高速旋转，具有一定的破坏力，驾驶员应随时与植保机保持安全距离，作业完成后等待螺旋桨完全停转之后方可靠近。

植保无人机作业
规范与安全

4. 发生安全事故的原因分析（6 个原因）

（1）原因 1　没认真阅读说明书或未参加培训。

无人机到货后第一时间一定要从头至尾仔细地看完说明书，尤其是对于产品的基本操作以及应急的一些处理方法，说明书是最好的教程，但是往往被人忽略；同时要参加正规的驾驶员培训。

（2）原因 2　飞行前未做好准备工作。

在每次作业前，驾驶员必须对植保无人机各部位进行检查，螺钉是否牢固、活动部件晃动量是否过大、机臂是否牢固、机身是否有明显裂缝等，检查完毕后方可起动。每次作业完毕要对机身、旋翼、起落架、喷洒系统等进行清理，为下次作业创造更佳条件。

（3）原因3　飞行时注意力分散。

在作业时，田边往往会有农户围观，不时发出声音，驾驶员作业时不要受周围人员的干扰，集中注意力，尽量保持农业无人机与农作物的安全作业距离。

（4）原因4　磁场干扰。

如果作业路线距离高压线很近，电压又比较高，那么植保无人机很可能会受到电磁干扰失去控制。如果发现周围有高压塔，则不要在附近起飞。如果是信号塔，那么一般也是远离为好。

（5）原因5　操作过急而失误。

一方面是简单的打杆失误，不小心撞上墙、树、电线杆等物体；另一方面是在飞行作业中，经常一不留神就看不到无人机，此时如果驾驶员一慌乱，可能会撞到障碍物。

（6）原因6　其他因素。

作业场地有不可视障碍物、视觉误差、刮风、疲劳飞行等，也有可能导致"炸机"。因此，为了避免操作失误而引起"炸机"，除了驾驶员的技能要过关外，实地作业经验也十分重要。

任　务　核　验

思考题

1. 简述操纵植保无人机作业需要的条件。

2. 简述会影响植保无人机作业的因素。

3. 简述无人机禁飞原则和发生安全事故的原因。

4. 列举植保无人机作业前准备。

学习任务2 植保无人机起飞前检查方法

 知识目标

1. 掌握植保无人机机架系统检查方法。
2. 掌握植保无人机动力系统检查方法。
3. 了解学习植保无人机控制系统检查方法。
4. 掌握植保无人机喷洒系统检查方法。

 任务描述

　　植保无人机在起飞前，可能经过了较长时间的存贮、使用，也可能经过了长途运输，因此不能保证此时的无人机能够正常无碍地飞行。另外，无人机上大部分设备也会随着飞行使用出现不同程度的损耗。因此，植保无人机在作业飞行前，为了确保作业飞行安全，能顺利地执行作业任务，要对无人机进行必不可少的细致检查准备。

　　本任务主要学习植保无人机各系统的检查方法、植保无人机起飞前检查技能等，以保障每一次无人机飞行都能更安全，执行作业任务更加顺畅。

 任务学习

相关知识点1：机架系统的检查

　　植保无人机机架系统就是无人机机架平台，对机架系统的检查包括以下四个部分。

1. 整体机身洁净度检查

　　检查机身污垢，要保持机身清洁，动力部件必须清理后才能起飞；仔细检查机体是否松动、连接部分是否牢固、螺钉是否紧固，对机身、旋翼、起落架、喷洒系统等进行清理，将植保机调整至最佳状态。

2. 横梁框架检查

　　横梁框架用来固定安放电池、安放药液箱。作为机架的主体结构，其强度较高，多为铝合金材质。横梁框架上有大量固定连接螺孔，又是药液箱的安放处，作业期间总会有药液溅到横梁框架上，因此要检查横梁框架的外观，是否有药液腐蚀与锈蚀，横梁上螺母是否有缺失锈蚀，其上连接物是否紧固。

3. 机臂结构检查

机臂连接了机身与动力系统，为动力系统提供基础平台。首先检查机臂外观有无明显裂痕与损伤；展开机臂后，上下轻轻摇晃机臂，观察机臂折叠位置轴件是否稳固；展开卡扣是否能将机臂固定卡紧；检查部件连接与螺母是否有松脱，如图 2-7 所示。

图 2-7　机臂结构检查

因为机臂与折叠部件都是无人机飞行时的主要受力部件，无人机旋翼所产生的升力通过机臂杠杆，像抬轿子一样将飞机主体机架抬升至空中。折叠部件位置是受力点，如果强度不够或受损，则易造成意外突发事故。

4. 机壳与脚架检查

机壳可以保护机身内部模块，遮蔽无人机内部电路连接，起到防水防尘的作用。飞行前检查机壳是否有污垢和明显破损，如有破损则要及时处理，防止药液、杂草等在飞行作业期间影响无人机内部模块运行。

脚架的作用是在起飞与降落时起到支撑与缓冲的作用。脚架有时也是一些载荷的固定架，如摄像设备、夜航灯等。检查脚架，观察脚架是否变形，无人机接地是否平稳，脚架上的设备安装是否稳固，脚架与机身连接是否稳固等。

相关知识点 2：动力系统的检查

1. 桨叶检查

检查桨叶的清洁度时，除了方便查看的正面，桨叶的反面也要注意检查，因为桨叶的反面更容易积攒污渍，会影响到动力运转与升力产生；此外，还要检查桨叶有无破损、裂纹甚至折痕，再检查桨叶是否装反、桨叶安装的松紧度是否适中，桨叶是否配对使用，最后确认桨叶是否捋直。

2. 电动机电调检查

植保无人机电动机和电调一般是组装在一起的，所以检查电动机安装是否紧固的同时也要检查电调的紧固程度，以免松脱；还要检查电动机的旋转顺畅度，是否有虚位和异响，再确认电动机的旋转方向；同时也要注意电动机是否粘附异物，注意清洁。

3. 电池检查

植保无人机起飞前所用电池应当提前充满电，但不排除电池出现问题的可能性。要

通过智能电池指示灯检查电池电量；检查电池
外观是否变形破损；检查电池电源插口是否存
在异物，电池安装在卡槽内是否紧固；检查电
池使用温度是否符合要求等，如图 2-8 所示。

图 2-8　电池检查

相关知识点 3：控制系统的检查

1. 控制系统外观检查

植保无人机控制系统是由各个控制模块原件组合连接而成的。系统模块多半被机壳
表面保护，部分在机体下方。飞行前检查能够观察到的模块，如检查双目视觉模块的双
目是否有异物遮挡；检查传感系统是否有划伤或异物；检查各模块导线连接是否紧固等。

2. 控制系统运行检查

在无人机起飞前，连接电源起动后，无人机系统会进行一次自检，检查无人机各系
统的运行状况。驾驶员可以用遥控器或手机查看无人机状态，自检正常才可以进行自主
飞行。

相关知识点 4：喷洒系统的检查

植保无人机喷洒系统包括以下几个部分。

1. 药液箱检查

植保无人机作业起飞前，药液箱要加满或加装
一个来回架次所需药液。检查药液箱外观是否整洁，
是否出现变形、破损、漏液；检查药液箱滤网是否
安装，连接口是否连接紧固，是否漏液；加药液后
检查药液箱盖是否旋紧等，如图 2-9 所示。

图 2-9　药液箱检查

2. 水泵与流量计检查

植保无人机水泵的检查主要是检查水泵左右出水量，一般和流量计同时进行检查。
对于长时间存贮的无人机，在使用初期，起飞前一定要进行水泵与流量的检查并进行流
量校准。已经校准的水泵与流量计，在无人机起飞前，要检查导管连接是否紧固无漏水。

3. 导管检查

植保无人机喷洒的药液要通过塑胶软管导入喷头，导管虽然耐腐蚀，但使用时间较
长，清洗维护不当，导管会变色或阻塞破裂，应定期更换导管。起飞前，检查导管连接

与导管外观是否变色、破损，导管内部是否有异物。

4. 喷头检查

喷头的检查，除了外观整洁，还要对喷头运转进行检查。起飞前，药液箱添加药液，起动无人机并开启喷洒系统运行一段时间，检查喷头运转情况。这一过程也是排出喷洒系统导管里的气体，防止作业任务时漏喷。

━━━ 任 务 核 验 ━━━

思考题

1. 简述植保无人机作业飞行前机架检查内容和方法。

2. 简述植保无人机作业飞行前动力系统检查内容和方法。

3. 简述植保无人机作业飞行前喷洒系统检查内容和方法。

实训任务　植保无人机起飞前检查实训

 ## 技能目标

1. 掌握植保无人机起飞前检查步骤。
2. 掌握起飞前检查各项内容。
3. 掌握起飞前检查的方式方法。
4. 掌握检查过程中工具、软件的使用。

任务描述

使用提前准备好的植保无人机与检查工具，按照起飞前检查流程，对植保无人机各个系统进行检查。将检查出的问题记录并给出解决方案。

任务实施

1. 任务准备

清理好工位，准备好起飞前检查所需的工具，摆放整齐。准备好待起飞的无人机，展开无人机机臂、桨叶，并准备好电池、遥控器，确保电池与遥控器电量充满。

2. 起飞前检查的要求

飞行前检查的要求，主要有以下 6 点：

1）检查机身污垢，要保持机身清洁，动力部件必须清理干净后才能起飞。

2）检查双目摄像头，各个雷达表面是否有污垢，必须清理干净后才能起飞。

3）绕机一周，检查是否存在松脱件。

4）检查各电源电量，检查喷洒系统工作情况。

5）检查遥控器各开关位置，并验证它们的工作状态是否正常。

6）检查遥控器各通道正反、响应速度是否正常。

3. 检查任务步骤与方法

（1）检查无人机机身机架　利用目视法对无人机整体进行视觉观察，检查机身整体洁净度；检查无人机各处部件表面是否出现明显破损、开裂。在能观测部位，检查有无污垢附着机身上，部件外观有无明显形变。

（2）检查桨叶、电动机、电调

1）桨叶。首先检查桨叶的清洁度，除了方便查看的正面，也要注意检查桨叶的反面，桨叶的反面更容易积攒污垢，影响动力；检查桨叶有无破损、裂纹甚至折痕；再检查桨叶是否装反、桨叶安装的松紧度是否适中，桨叶有没有配对使用；最后确认桨叶是否捋直。

2）检查电动机与电调。植保无人机电动机和电调基本是组合安装在一起，检查电动机安装是否紧固的同时也要检查电调的紧固程度；还要检查电动机的旋转顺畅度、有没有虚位，有没有异响，再确认电动机的旋转方向；同时也要注意电动机有没有粘附异物，注意清洁。

方法：用目视法观测清洁度，也可利用干净毛巾擦拭表面，观察光洁度；桨叶裂痕不易观察，可用手捏桨叶顶端，上下轻微施压，查看桨叶表面有无裂痕。根据植保无人机动力系统结构判断桨叶与电调的正反方向；轻旋桨叶，根据阻力大小判断桨叶安装紧固程度。可在未通电情况下，旋转电动机，检查其旋转是否顺畅。

（3）检查机臂、机臂紧固扣、脚架稳固度　检查机臂是否松脱；检查机臂紧固扣有无虚位、松脱，是否扣紧到位；检查脚架紧固螺钉是否松脱，脚架是否稳固，是否有变形。

方法：双手把持机臂，将机臂轻微上下翻折，检查机臂轴部是否紧固坚实；机臂紧固扣固定后，轻摇机臂，观察稳固程度。将无人机置于水平位置，观察其是否发生倾斜，晃动脚架，观察紧固螺钉是否松脱。

（4）检查 RTK 天线与其他模块组件　轻轻晃动 RTK 天线，观察天线固定是否紧固；检查接收机天线是否紧固，朝向是否正确，确保接收机所连天线垂直朝下安装；检查双目视觉照相机，主要检查其固定是否牢靠，表面是否干净没有污垢，机壳无遮挡对镜头无影响；检查超声波雷达、激光雷达、毫米波雷达等高度、距离传感器安装是否牢固、有无破损，再检查其表面是否干净没有污垢。植保无人机常见 RTK 天线和传感器雷达如图 2-10 所示。

a）RTK 天线　　　　　　　　　b）传感器雷达

图 2-10　植保无人机部件

（5）检查遥控器并开机　打开遥控器，检查其开机后状态。拨动遥控器开关与摇杆，检查是否能够正常使用。展开遥控器天线，检查其固件连接是否正常。

（6）检查电池　检查电池连接卡槽是否损坏、有脏污、有异物。插上电池卡扣到位并短按电池开关检查电量。开启电源，观察无人机航灯是否正常，无人机自检是否正常。

（7）检查无人机喷洒系统　检查各模块的安装是否紧固；喷头的转盘是否有虚位、卡顿；检查各部件的清洁度，连接位置是否发生漏水。通电后，无人机起飞作业前，喷洒系统需要进行排气，将导管内气体排出，排气过程中需观察喷洒系统工作是否正常，管道喷头有无异物堵塞。

（8）整理设备工具，记录检查结果　检查完成之后，将检测工具收拾整理，利用记录表格记录无人机检查结果，最后可将无人机移到室外起飞测试。

▰▰▰ 任 务 核 验 ▰▰▰

一、思考题

1. 简述植保无人机起飞前检查 6 点要求。

2. 简述植保无人机起飞前检查步骤。

3. 简述植保无人机起飞前检查桨叶与机臂的具体方法。

二、练习

通过实训任务准备相关内容，完成工作页手册项目 2 的实训任务。

项目 3　植保无人机的飞行操控

学习任务 1　植保无人机作业模式

知识目标

1. 掌握植保无人机手动模式作业方法。
2. 掌握植保无人机 AB 点模式作业方法。
3. 掌握植保无人机全自主模式作业方法。
4. 对比三种作业模式，了解各模式特点。
5. 掌握三种模式的优缺点。

任务描述

本任务将介绍植保无人机是如何进行农林作业的，主要介绍植保无人机的三种作业模式，即手动模式、AB 点模式、全自主模式。

1）手动模式。不用提前测绘圈地，直接通过无人机驾驶员的控制操纵，在田间进行植保作业活动，对驾驶员的无人机飞行能力要求较高，须学习手动操作无人机作业的飞行路线及方式。

2）AB 点模式。不提前测绘圈地，利用无人机直接手动飞行确定 A、B 两点，设置边界，自动生成 AB 重复往返路线，进行作业。重点学习如何设置 AB 点，如何规划无人机作业航线。

3）全自主模式。提前测绘规划作业地块，学习无人机参数设置与航线规划，掌握自主作业流程。

📎 任务学习

相关知识点 1：手动模式

（1）植保无人机手动模式定义　通过人工操作遥控器控制飞行航迹和作业任务等的作业控制模式。手动模式作业是早期最为常见的方式，所有的操作都由植保无人机驾驶员来完成，智能化程度较低。

（2）手动模式的优势

1）灵活方便、无须测绘，在作业之前无须其他额外操作，准备时间短。

2）地形适应能力强，在驾驶员拥有良好操作技能前提下，能应对各种复杂地形。

（3）手动模式的劣势

1）植保效果不佳，易出现重喷与漏喷，无法保障作业质量。

2）须要有助手进行相应的观察以及报点，难以一人完成作业，驾驶员工作强度大、易疲劳，植保作业面积较小。

手动作业时，驾驶员视线距离有限，如果操作无人机飞行较远距离，则无法有效判断无人机位置。长时间的作业，驾驶员的专注度会下降，身心都会疲劳，可能造成无人机飞行路线偏移，出现漏喷或重喷。此刻就需要观察员，其作用就是辅助驾驶员，保持航线的精确性，协助驾驶员判断无人机飞行位置，协助植保作业等，如图 3-1 所示。

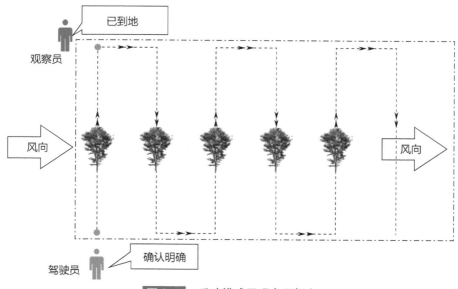

图 3-1　手动模式需观察员报点

（4）手动模式作业方法　多用到直线飞行与定点环绕飞行两种方法。

1）直线飞行。在无风天气比较简单，操纵无人机调整好飞行方向，轻推遥控器前进遥杆，使无人机匀速向前飞行。飞行前记得提前打开喷洒设备；如果飞行期间存在横风，则在操纵无人机前进的同时，要添加横向移动杆位，使无人机匀速前进不发生横向飘移。

2）定点环绕飞行。环绕模式主要应用场景是果树的植保作业，一般使用环绕模式的植保无人机大多采用压力喷头，因为从果树上方喷洒药液并不能穿透果树，所以需要在果树上方进行自旋喷洒或设置一个半径进行环绕喷洒作业。但在果树花期、挂果期或进行无人机授粉时，无人机悬停易造成落花落果从而带来经济损失。因此，对于植保作业模式的判断，要根据地块作物具体特点进行确认。

定点环绕飞行模式作业方法有两种，第一种是将植保无人机飞到果树上方一定距离后，打开遥控器喷洒开关，通过操控遥控器的偏航摇杆让无人机做自旋动作，实现手动自旋模式喷洒作业；第二种是以果树为原点，让无人机按一定的半径飞出圆形来实现环绕喷洒，具体是通过操控遥控器的偏航、俯仰和副翼的摇杆来实现此功能，难度较大。

相关知识点2：AB点模式

植保无人机AB点模式作业方法简单方便，以两点形成直线的方式快速生成作业航线，具有驾驶员工作强度低、喷洒较为均匀的特点，如图3-2所示。这种模式解决了驾驶员劳动强度特别高的难题。

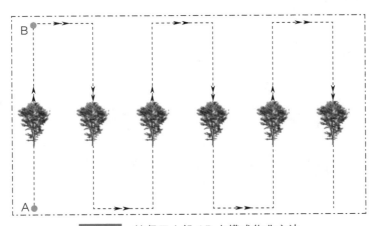

图3-2 植保无人机AB点模式作业方法

（1）植保无人机AB点模式定义　以AB点形成一条直线作为航线的自动作业模式。这需要驾驶员具有较高水平的操作能力，利用FPV来观测地块边界及障碍物，使无人机飞到指定地块边界点，确定A、B两点位置，确定AB路线复制方向与边界线；无人机沿着AB航线不断复制延伸作业。

（2）AB点模式优势　灵活方便，减少整体测绘工作，确定航线后可自动作业，减轻劳动强度。作业适用于规整地块,典型应用包括新疆棉花及玉米作业、黑龙江的水稻作业等。

（3）AB 点模式劣势　规整的长方形与三角形地块都可利用 AB 点模式,但对于不规则多边形地块,AB 点模式则无法生成贴合地块形状的航线。

（4）AB 点模式注意事项

1）A、B 两点形成的直线必须与作业区域边缘平行,否则航线会偏离作业区域,造成无人机与障碍物碰撞而损坏。

2）驾驶员需注意每次航线到达边界时,航点位置是否有变化。

3）B 点与对面的防风林、障碍物须留有安全间隙,作业到最后一条航线时,必须确认是否有障碍物。

相关知识点 3:全自主模式

（1）植保无人机全自主模式定义　对作业区域进行整体测绘,使植保无人机在规划区域进行自动作业的模式。

通过航线规划,能够适应绝大多数地形,并且全程自主作业,进一步降低了驾驶员的工作强度,实现了全自主作业,如图 3-3 所示。驾驶员需要更多地掌握软件使用技巧以及航线规划知识,而不像以往仅需要拥有良好的飞行操控能力。

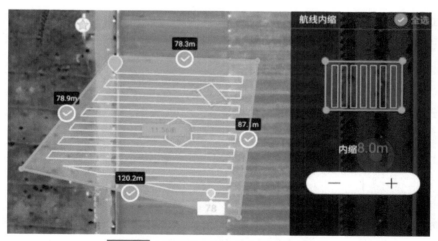

图 3-3　植保无人机全自主模式作业方法

（2）全自主模式优势　驾驶员工作强度低,地形适应能力强,喷洒均匀,工作人员数量需求降低,自主飞行航线执行更精确。

植保无人机三种
作业模式

━━━━━━━━━━━ 任 务 核 验 ━━━━━━━━━━━

思考题

1. 请简述 AB 点模式优缺点。

2. 简述植保无人机全自主模式的优缺点。

3. 请列出植保无人机三种模式特点及适用地块。

学习任务 2　植保无人机测绘技术

知识目标

1. 掌握植保无人机地图打点测绘技术。
2. 掌握植保无人机打点测绘技术。
3. 掌握使用 RTK 测绘器打点测绘技术。
4. 了解测绘建模。
5. 能进行测绘方式的对比分析。
6. 掌握测绘圈地的规划方法。

任务描述

　　本部分内容介绍了植保无人机在测绘圈地时所使用到的打点方式。打点是确定测绘地图所圈定地块的边界点。通过闭合的多点位连接的闭合线段，规划出植保无人机要作业的地块形状与面积。其中，点位的确定有多种方式。

　　学习本部分内容，要掌握以下四种测绘圈地方式：

　　1）软件地图打点。了解地图上打点的劣势，地图手动打点误差值较大，理解其原因。掌握地图打点快速作业优势。

　　2）飞行器打点。了解飞行器打点的困难点，以及飞行器打点利用了无人机的哪些优势。

3）RTK测绘器打点。掌握使用测绘器的正确方法。

4）测绘建模。掌握植保无人机针对复杂坡地作业的应对方式，即先建立仿地模型，再规划植保作业路线。

掌握不同打点方式的特点，学会正确地根据实际场景选择打点方式，这些内容是本部分学习的重点。植保无人机测绘方式一般不可交叉使用，因为不同打点方式所确定的数据在软件中并不能兼容并择优处理。因此，合理选择打点测绘方式，是提高植保无人机作业能力的关键一步。

任务学习

相关知识点1：软件地图打点测绘

根据测绘软件提供的卫星地图，直接在手机测绘软件上或遥控器可视界面上，进行人工手动打点圈地，规划地块。因为通过直接观测卫星地图打点，所以规划出的地块精度有一定误差（定位精度误差3~5m），与地图定位精度及打点时地图缩放比例有关。如果地块有障碍物或喷洒药液对周边作物有药害，则不建议使用此方式。下面以一款测绘软件为例介绍其操作过程。

1）用手机或遥控器打开地面测绘软件，登录账号，如图3-4中步骤1所示。

2）在主页面功能栏单击新建地块，如图3-4中步骤2所示。

图3-4　测绘软件地图打点步骤1、2

3）在【选择地块打点模式】中选择"手绘打点"，如图3-5中步骤3所示。

4）填写好地块地形、作物及类型信息后单击下一步，如图3-5中步骤4所示。

图3-5　测绘软件地图打点步骤3、4

5）进入地图手绘页面，屏幕出现"+"光标，移动地图，使光标至地块转角处，单击记录最少 3 个边界点，边界点自动闭合形成绘制地块，如图 3-6 中步骤 5 所示。

6）切换功能栏到"障碍物"，进行障碍物测绘打点，如图 3-6 中步骤 6 所示。

图 3-6　测绘软件地图打点步骤 5、6

7）地块测绘完成后，单击"保存"按钮。

8）保存成功，地块新建完成。

在进行软件地图手绘打点时，为了确保所圈地块更加精准，要尽可能将软件卫星地图放大到最大值。避免因为地图比例原因造成圈地打点误差值较大。地图打点所圈定的障碍物误差范围也较大，在实际应用中，会造成作业漏喷面积较大，还有可能出现避障失败造成"炸机"事故。

植保无人机地图
手绘打点

相关知识点 2：飞行器打点测绘

植保无人机飞行器打点测绘有两种方式。

（1）无人机 AB 点打点测绘　驾驶员操作植保无人机，药液箱满载，利用 FPV 来观测地块边界及障碍物，无人机飞到指定地块边界点，确定打点位置 A、B，沿 AB 航线飞行时要打开喷洒器，确定 AB 航线后，再确定航线复制方向与边线夹角，然后执行作业。无人机 AB 点作业是沿着 AB 航线不断复制延伸作业。

（2）无人机飞行打点圈地　无人机飞到地块边界点，确定多个打点位置，形成闭合线段圈出地块。以下举例说明无人机飞行打点操作。

1）提前准备好无人机（空载状态），打开遥控器上测绘软件，登录账号，如图 3-7 中步骤 1 所示。

2）单击"新建地块"需求，在软件中新建测绘地块，如图 3-7 中步骤 2 所示。

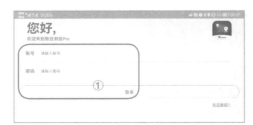 

图 3-7　飞行器打点步骤 1、2

3）【选择地块打点模式】选择"飞行器打点"，如图3-8中步骤3所示。

4）单击"确认"可进入无人机连接页面（无人机已开机），如图3-8中步骤4所示。

图3-8 飞行器打点步骤3、4

5）进入无人机连接页面，单击"扫描"搜索无人机，此时请与无人机保持在5m范围内，可快速搜索到无人机，如图3-9中步骤5所示。

6）正确选择无人机后进行配对连接，连接成功后进入新建地块信息页面，如图3-9中步骤6所示。

图3-9 飞行器打点步骤5、6

7）填写好地块名称、地块类型、作物种类和测绘精度后单击"下一步"，如图3-10中步骤7所示。

8）手动起飞无人机至安全高度，肉眼观察此高度飞往地块边界位置是否安全，先将FPV画面调整为水平，单击"水平"即可，如图3-10中步骤8所示。

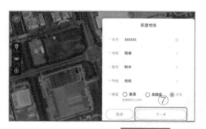

图3-10 飞行器打点步骤7、8

9）切换为垂直FPV画面，找到打点位置后，将FPV画面中心十字标记对准打点位置后悬停，再慢慢下降高度，到达合适安全高度后等待无人机稳定悬停，然后单击"+"，添加边界点，如图3-11中步骤9所示。

10）打点完成后将无人机返航至安全区域降落后，单击保存，生成地块，避免电量过低返航，如图 3-11 中步骤 10 所示。

图 3-11　飞行器打点步骤 9、10

使用无人飞行打点方式，驾驶员劳动强度低，无须围绕田块一周，但在对边界障碍物过多、边界点超视距的地块测绘时，驾驶员很难判断无人机所处的位置，容易因为障碍物或者超视距而引起"炸机"。因此，不建议在边界障碍物过多、边界点超视距的地块使用无人机测绘，应当在卫星信号质量良好时进行打点测绘，并且打点时尽量降低悬停高度以减少误差，因为高度越高，通过下视摄像头观察地块边界的精度误差就越大。在边界点打点的悬停高度，建议空旷无障碍物的情况下可以离地面或作物 2~10m，有障碍物的地方需要在障碍物的上方 2~10m，同时还要稳住无人机的姿态来减少精度误差，无人机越是晃动，误差就越大，观察无人机的仿地高度，等无人机停稳后再打点。

植保无人机
飞行打点

相关知识点 3：测绘器打点测绘

以 RTK 打点测绘器为定位系统，与手机蓝牙配对后连接测绘软件，手持打点器围绕作业区域走动，并在测绘软件上确定作业任务边界点。因为 RTK 定位精度非常高，误差值能在 10cm 左右，所以利用配有 RTK 定位系统的手持打点器进行地块测绘的精度更高，属于高精度测绘，如图 3-12 所示。

测绘器打点标准操作姿势（见图 3-13）：① RTK 黑色天线要高过头顶，在打点的

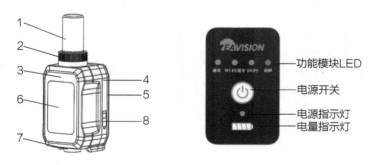

图 3-12　RTK 打点测绘器结构与操作页面

1—RTK 天线　2—天线帽　3—测绘器前外壳　4—测绘器中外壳　5—测绘器后盖
6—用户操作页面　7—连杆座　8—充电口密封塞

过程中不能晃动；②在从一点到另外一点的走动过程中，最好保持RTK黑色天线一直朝上（像举火炬一样），并保持打点软件开启状态，这样在下一点打点时可以很快进入最高精度；③如果要必须使用打点杆对人员无法通行的地方进行打点，则可以把打点器向上以45°角度放置并保持稳定。

a）手持式 b）有杆立式 c）有杆45°

图3-13 测绘器打点标准操作姿势

高精度测绘操作方法如下。

1. 新建地块

1）选择高精度"测绘器打点"方式，新建地块需求，并按照要求填写地块名称、地型类型、作物类型与名称，如图3-14所示。

图3-14 测绘器打点操作

2）地貌类型可选择平地、缓坡和陡坡。作物类型可选择低杆作物、高杆作物和树木。不同类型的测绘软件选择设置可能不同，根据实际情况选择适用类型即可，如图3-15所示。

图3-15 地貌类型与作物类型选择

3）作物名称可以直接输入也可以选择。确认作业精度是否为"高精度"。若使用夜航模式，则地块必须为高精度，且需要测绘出地块内所有障碍物。夜间航行需要的地块精度要求更高，因为无人机夜间飞行视觉效果较差，利用夜航灯提供照明，范围较小，所以对测绘地块精度与障碍物的规避要求更高。单击"下一步"进入测绘器高精度打点流程，如图 3-16 所示。

图 3-16 作物选择与精度选择

2. 高精度打点

1）按要求将测绘器移动到地块边界点，等待定位数据都变绿色后再进行打点。多次记录边界点为闭合图形，圆圈地块在转弯处多打点。切换功能栏到"障碍物"，进行障碍物测绘，如图 3-17 所示。

图 3-17 记录边界点与规划障碍物

2）地块测绘完成后，单击"保存"按钮。阅读提示后，高精度地块可以进行带灯夜航作业，如果需要进行夜航，则必须确保已测绘所有障碍物，单击"确认"。保存成功，需求内地块新建完成，如图 3-18所示。

植保无人机
测绘器打点

图 3-18 保存测绘与保存地块

相关知识点 4：测绘建模

植保无人机在复杂地形进行作业时，先利用照相机拍摄作业区域的正射影像后，再使用专业建图软件完成对作业区域的三维建图。选定作业区域后，人工智能（AI）系统将自动识别作业区域内的作物及障碍物等物体属性，并自动生成三维作业航线，如图 3-19 所示。

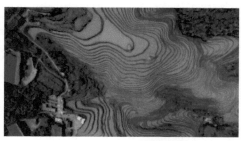

图 3-19　测绘地形图与建模流程示意

测绘建模多应用在梯田、山地丘陵、果树林业等作业区。复杂的环境与地形加大了无人机植保作业的难度。测绘建模的误差范围为 10~200cm，之所以误差范围变动如此之大，与环境光照、场景纹理、测绘飞行高度及使用的建图软件等多方面因素有关。三维建图的测绘过程快速高效，测绘结果直观，精度较高，但是测绘完成后的三维建模过程需要等待较长时间，处理运算的信息较多，整体成本也比较高，适合于中大型不规则且障碍物较多的区域。

由于山地丘陵等复杂区域在我国也有着非常大的作业需求，果树林业等经济作物也需要植保无人机的应用。市场上的无人机生产厂家也在积极针对这些作业区域对无人机的功能进行设计与升级，适用于山地地形的植保无人机已经面向市场销售。

相关知识点 5：测绘方式的对比分析

几种测绘方式的定位精度误差见表 3-1。

表 3-1　测绘方式的定位精度误差

测绘方式	定位精度误差
地图打点	3~5m（与地图定位精度及打点时地图缩放比例有关）
无人机打点	±10cm（与打点时无人机悬停状态和飞行高度有关）
测绘器打点	±10cm（与测绘操作人员动作有关）
测绘建模	10~200cm（与环境光照、场景纹理、飞行高度及使用的建图软件等多方面因素有关）

测绘方式的优劣势及适用地块的总结与分析见表 3-2。

表3-2 测绘方式优劣势对比分析

测绘方式	优势	劣势	适用地块
地图打点	成本低廉、省时省力、效率高	测绘精度低	相对比较规整的无障碍物田块
无人机打点	可视化强、精度高、测绘效率高	受限于无人机续航能力	边界点障碍物较少的空旷地块
测绘器打点	灵活方便、测绘精度最高	大地块测绘效率低	不规则田块边角
测绘建模	测绘过程快速高效、测绘结果直观、精度高	成本高、系统分析建模需要等待	中大型不规则、障碍物多的地块

相关知识点 6：测绘圈地的规划方法

在进行植保无人机作业测绘时，要注意一些圈地与地块规划的方式方法。

1. 规则地块规划方法（无障碍物）

1）直接沿着规则地块边界进行测绘器打点。

2）如果边界上没有障碍物，在测量场地转角处位置，用无人机或手持测绘器打点，圈定地块。地块的圈定尽量做到规整、有效，便于之后的植保作业，如图 3-20 所示。

2. 不规则地块规划方法（无障碍物）

1）进行多边形地块测绘时尽量在地块转折处添加测绘点。

2）当测绘弧形地块时，沿着地块边界顺序多添加测绘点（多点位可确保规划圈出的地块更接近实际地块），直到边界线连接成弧形即可，如图 3-21 所示。圈定弧形地块既是为了更精准地确定作业面积，提高植保作业效率，也是为了防止作业到地块之外，产生药害与环境污染。

图 3-20 规则地块规划

图 3-21 不规则地块规划

3. 边界测绘方法（有障碍物）

1）如果边界上有单个障碍物（房屋、树、电线杆等），如图 3-22a 所示进行测绘，将障碍物圈出地块外部；如果边界上两个障碍物之间的距离小于 6m，如图 3-22b 所示进行测绘，将两个障碍物同时圈出地块外部；如果边界上两个障碍物之间的距离大于6m，如图 3-22c 所示进行测绘，将障碍物分别圈出地块外部。

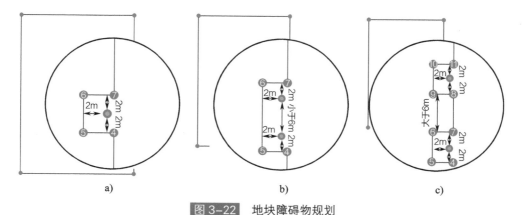

图 3-22　地块障碍物规划

2）测绘时每条边界与障碍物的间隙不能小于 2m。

3）两测绘点之间的距离不能小于 1m，否则可能出现打点失败，不能成功加点。

4）树木打点方法。当地块边上有树木存在时，沿着伸出来的树枝垂直方向位置进行测绘，其中两条线段距离障碍物间隙不能小于 2m。

5）地块边界障碍物测绘方法。当地块边界上有障碍物（房屋、树木、电线杆等）时，在进行测绘操作时，把障碍物规划到边界以外，一次性将障碍物圈出，提高作业效率，无人机执行作业时也更加顺畅连贯，如图 3-23 所示（蓝色边界线参照树木打点方法）。

图 3-23　边界障碍物规划

任 务 核 验

思考题

1.请列出植保无人机作业测绘的几种方式。

2.简述几种测绘方式的优缺点及适用地形。

3. 有一块面积约 20 亩的麦田，地块形状是规则的长方形，现在要对这块农田进行施药，应该选用何种测绘作业方式？

学习任务 3　植保无人机手动飞行操控

 知识目标

1. 了解无线电信号传输原理。
2. 掌握遥控器的操作与使用。
3. 掌握植保无人机手动飞行的基本技巧。

 任务描述

植保无人机在实际应用过程中总是避免不了需要手动操控的情形。不管是植保作业中的手动作业需求，还是驾驶员为了应付无人机突发故障状况，都需要将无人机切换至手动操控状态。良好的手动操控能力是提高作业效率、保障飞行安全的关键点。

了解与学习植保无人机的无线电通信原理，掌握遥控器设备的使用和操作方法，避免无人机飞行过程中因无线信号的断连造成事故。同时，能够根据学习到的知识有效地处理无人机信号连接等问题。

 **任务学习**

相关知识点 1：无线电介绍

无线电即无线电波，是指在自由空间（包括空气和真空）传播的射频频段的电磁波，无线电波的波长越短、频率越高，相同时间内传输的信息就越多，如图 3-24 所示。

无线电的发展经历了从电子管到晶体管，再到集成电路；从短波到超短波，再到

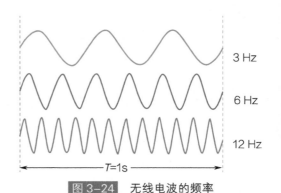

图 3-24　无线电波的频率

微波；从模拟方式到数字方式；从固定使用到移动使用等阶段，无线电技术已成为现代信息社会的重要支柱。

无人机通信链路需要使用无线电资源，目前世界上无人机频谱的使用主要集中在 UHF、L 和 C 波段，其他频段也有零散分布。我国工信部无线电管理局初步制定了《无人机系统频率使用事宜》，规划 840.5~845MHz、1430~1444MHz 和 2408~2440MHz 频段用于无人驾驶航空器系统。

无人机的天线除了采用全向天线，也采用具有增益的定向天线。

1. 全向天线

全向天线，即在水平方向上表现为 360° 均匀辐射，水平各个方位增益相同的天线，即水平方向 360° 覆盖。水平方向增益的增加，是依靠垂直方向增益的减少来实现的。可以认为，全向天线增益越大，水平方向上覆盖的范围也就越大，垂直方向上覆盖的范围越小，如图 3-25 所示。

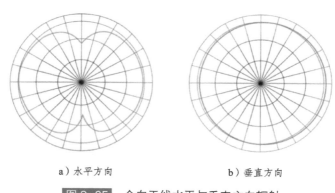

a）水平方向　　　　　　　　b）垂直方向

图 3-25　全向天线水平与垂直方向辐射

2. 定向天线

定向天线，在水平方向上表现为一定角度范围辐射，在垂直方向和水平方向都不是 360° 覆盖。一般来说，覆盖角度越小，覆盖的范围也就越远，如图 3-26 所示。实际场景中，室外通常会采用定向天线。

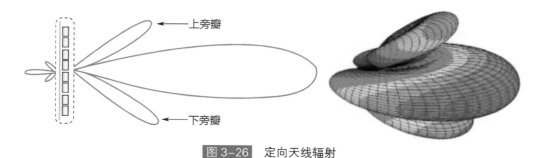

上旁瓣

下旁瓣

图 3-26　定向天线辐射

无人机的无线电信号传输会受到地形、地物以及大气等因素的影响，引起电波的反射、散射和绕射，形成多径传播，并且信道会受到各种噪声干扰，造成数据传输质量下降。

相关知识点 2：遥控器功能介绍

植保无人机配有专用的遥控器，确保植保喷洒作业及时、精准、可靠。虽然植保无人机在作业过程中可以实现全自主飞行，但是如果没有匹配遥控器，将会增加植保无人机飞行的风险。

植保无人机在使用过程中与遥控器时刻保持通信。遥控系统具备双向传输功能，遥控器将驾驶员的控制意图和操作指令通过无线电波传递给无人机上的接收模块，无人机控制系统接受指令并执行相关命令。控制系统自动将执行完的命令、无人机的电量和药液使用情况及时回传给遥控器，遥控器上的地面站会以语音播报的形式告知驾驶员，使其操作过程更加简单、便捷、安全。

1. 遥控器的外观和功能（见图 3-27）

1）飞行模式切换档。最上档位自动，最下档位手动。

2）左摇杆。控制飞行高度与偏航方向。

3）喷洒开关。最左侧为关闭，最右侧为开启。

4）显示屏。5.5in（1in=2.54cm）高亮屏。

5）电源开关。

6）状态指示灯、电量指示灯。

7）右摇杆。控制前进、后退以及左右平移。

图 3-27　遥控器外观

2. 遥控器配对（对频）过程（见图 3-28）

1）在遥控器应用软件中进入【系统设置】菜单，单击"开始对频"。

2）遥控器状态指示灯进入红灯快闪状态，"对频"菜单显示"对频中"。

3）长按接收机对频按钮 2s，天空端状态指示灯进入红灯快闪状态。

4）此时等待 5~10s，对频成功后，遥控器和天空端状态指示灯均变为绿灯常亮。

图 3-28　遥控器对频过程

3. 遥控器手法

遥控器手法包括美国手（左手油门）——左手油门和方向舵，右手升降舵和副翼；日本手（右手油门）——左手升降舵和方向舵，右手油门和副翼；中国手（反美国手）——左手升降舵和副翼，右手油门和方向舵。目前，大部分植保无人机厂家出厂设置默认美国手。

（1）遥控器的握持手法　正确的握持手法对于精准控制无人机来说具有很重要的作用。业内公认造成无人机操控困难的一个原因就是缺乏预判，即部分驾驶员在手动飞行过程中手指脱离操纵杆，当发生紧急情况时才仓促反应，以至于不能正确地控制操纵的节奏和幅度，动作变形，造成无人机偏离正确航线，严重的甚至造成无人机的损毁，所以要有规范的握持手法，如图3-29所示。

图3-29　遥控器握持手法

规范的遥控器握持手法应该是无人机驾驶员面向无人机站立，双脚与肩同宽，双臂自然放松，手掌对称轻握遥控器，根据手臂长度将遥控发射机置于肚脐上下比较放松的位置。

（2）对于操纵杆的握法　主要有单指握法和双指握法两种，如图3-30所示。

1）单指握法受到一些喜欢特技飞行的玩家追捧，方法是将拇指指肚压在操纵杆的顶端以控制操纵动作，其优点是反应速度快、灵活。

2）双指握法是比较常见的一种，方法是拇指和食指共同配合来拨动操纵杆，其他手指根据需要拨动遥控器上的其他开关。拇指的指肚始终压在操纵杆的顶端以控制操纵动作，食指指肚始终放在操纵杆的侧面起到稳定的作用，食指就像弹簧一样，用来缓冲拇指带动操纵杆的运动，从而使操控的动作更细腻、更精准。

a）单指操作　　　　　　　　　b）双指操作

图3-30　遥控器单指与双指操作

两种握法各有优势，初学者可以根据自己的爱好进行选择，勤加练习，都能达到良好的操控效果。

4. 遥控器操作（以图 3-31 所示美国手为例）

左边的操纵杆用来控制无人机的油门和方向，实现多旋翼无人机上升、下降和左转、右转；右边的操纵杆控制无人机的升降和副翼，实现多旋翼无人机的前进、后退和左平移、右平移。

5. 遥控器使用注意事项

1）切忌在潮湿、高温或多灰尘的环境中使用遥控器，潮湿的空气极易腐蚀其内部电路，出现问题后很难修复，只能选择更换新的产品；而在高温的工作环境里，遥控器的塑料外壳（见图 3-32）与内部电子元器件都会加速老化。

2）避免遥控器受到强烈的振动或从高处跌落，以免影响内部构件的精度。

3）注意检查遥控器天线是否有损伤，遥控器的挂带是否牢固以及与无人机连接是否正常。

4）随着使用时间的增加，遥控器表面难免会出现污损等情况，为了延长遥控器的使用时间，还需要对遥控器进行清洁。

图 3-31　美国手遥控器操作

图 3-32　遥控器塑料外壳

5）如果长时间不使用，遥控器的电池电量要保持在 60% 左右存放。切忌亏电存放，以免下次使用时无法开机。

6）运输时应将天线折叠，避免天线折断。

7）如遇摇杆未在中立点，则需对摇杆进行校正。飞行之前必须检查遥控器的摇杆模式，避免摇杆模式错误（摇杆模式错误将导致飞行器产生撞击、侧翻等风险），在摇杆模式更改后，需要压杆确认摇杆模式无误再起飞。

8）遥控器内部的电子元器件十分精密，不能直接使用清水来清理表面的污垢。有耐磨镀层的遥控器也不得使用汽油或者酸性、碱性的清洁剂来保养。使用快干胶均匀包裹遥控器表面，待其干燥之后就可以揭下，这样吸附在表面的污垢等可以被清理掉。

植保无人机
遥控器操作

相关知识点 3：植保无人机手动飞行操作

植保无人机手动飞行操作的练习一般要经过模拟飞行软件训练，学员在具备基本操作能力后再进行无人机实际飞行训练。

1. 极低空飞行

植保作业最佳高度是在作物冠顶之上 1m 左右。对于苗期小麦等低矮作物，无人机应在离地面 2m 高度上飞行。飞行高度精度应在分米级，如图 3-33 所示。

2. 高精度直线飞行

植保作业必须保持直线飞行，以保证不产生漏喷、重喷现象。飞行水平精度应在分米级。

3. 慢速匀速飞行

无人机植保的雾化效果很好，药效与无人机的速度密切相关。一般应该保持在 4~6m/s 的速度匀速飞行，如图 3-34 所示。

图 3-33　植保无人机低空手动飞行

图 3-34　手动操控无人机匀速直线飞行

4. 超视距飞行

植保无人机视距飞行最远只能达到 200m，对于宽幅大于 500m 的地块，将难以选择起降加药点，地块中间无法作业。从植保作业效率上讲，无人机一个起落最好完成往返飞行，回到起点加药。植保无人机驾驶员必须具备超视距飞行能力，超视距飞行距离应是无人机总作业距离的一半。

5. 避障飞行

对于高秆作物、果木、树木等进行植保作业时，视距飞行作业的视线受到阻碍，必须要有避障操控飞行的有效手段。手动飞行距离较远时，很难判断障碍物与无人机的距离，因此尽量在视距内安全飞行。

6. 定点垂直起降

对于没有跑道起降条件，无人机只能在狭窄空间起降，因此驾驶员必须具有操控无人机定点垂直起降的能力，图 3-35 所示为无人机定点起降台。实际作业中，驾驶员为了节省无人机起降与无人机进出作业点的时间，往往会进行手动操作。定点垂直起降的能力直接关系到作业效率的高低。

图 3-35　无人机定点起降台

7. 两种手动环绕飞行

第一种是将植保无人机飞到果树上方一定距离后，打开遥控器喷洒开关，通过操控遥控器的偏航摇杆让无人机做自旋动作来实现手动自旋模式喷洒作业，如图 3-36 所示；第二种是以果树为原点，让无人机按一定的半径飞出圆形来实现环绕喷洒，具体是要通过操控遥控器的偏航、俯仰和副翼的摇杆来实现此功能，难度较大，如图 3-37 所示。

图 3-36　手动定点自旋飞行

图 3-37　手动绕果树环绕飞行

总而言之，植保无人机手动操控对驾驶员的要求非常高。

在不借助导航设备的情况下视距内飞行，驾驶员必须要做到操控无人机进行锁高、直线、匀速飞行，完成狭窄空间定点起降，这是驾驶员的基本功，也是植保作业的最基本保障。无人机自主飞行时，驾驶员人工干预，是保障植保作业的方式之一。

超视距飞行时，人工干预起不到多少作用，对导航设备的可靠性能要求非常高。超视距可采用 FPV 飞行。此时，驾驶员可"身临其境"，克服目视的限制，随时干预自主飞行的导航偏差，保障超视距和避目障碍飞行作业。但 FPV 并不是主流作业模式，可作为一种应急与特殊情况处理方式。

植保无人机作业主要还是选择自主作业，效率高、省人力、作业均匀。手动操作多针对小地块、特殊复杂地形，以及补漏喷洒、应急处理操作等情况，但良好的手动飞行能力也是优秀驾驶员必不可少的技能与素质。

■ 任 务 核 验 ■

思考题

1. 请写出无人机无线电信号传输的常用频段。

2. 简述植保无人机遥控器美国手手法的操作。

3. 请列出至少 5 种无人机手动飞行操作技巧。

学习任务 4　植保无人机自主飞行操控

知识目标

1. 了解植保无人机地面站系统组成。
2. 掌握地面站系统操作。
3. 掌握地面站系统中参数设置和航线规划。
4. 掌握植保无人机全自主作业操作。

任务描述

　　学习掌握有关无人机地面站系统的设置，远程操控植保无人机，是植保作业中的必备技能。懂得如何修改无人机地面站系统参数，学习无人机航线与路径规划，合理制定植保无人机飞行作业方案。本部分内容教导大家如何操作无人机进行全自主作业飞行。自主飞行模式是现代大面积作业的首选，学习掌握如何设置相关数据并操纵飞机，是本部分的重点知识内容。

任务学习

相关知识点1：地面站系统组成

无人机地面站系统是远程控制无人机的地面基站，是整个无人机系统重要的组成部分，也是地面操作人员直接与无人机交互的渠道。它具有包括任务规划、任务回放、实时监测、数字地图、通信数据链在内的集控制、通信、数据处理于一体的综合能力，是整个无人机系统的指挥控制中心，图3-38所示为地面站各设备之间的信号连接。

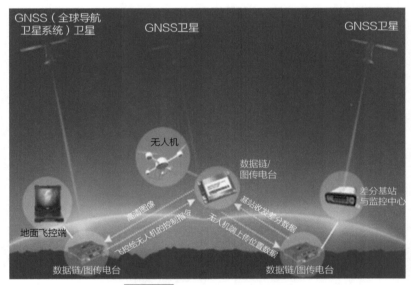

图 3-38　地面站系统信号连接

地面站系统应具有下面几个基本功能：

（1）飞行监控功能　无人机通过无线电数据传输链路传输当前各状态信息。地面站会将所有的飞行数据保存，并将主要的信息用仪表或其他控件显示，供地面操控人员参考。同时，可以根据无人机的飞行状态，实时发送控制命令，操纵其飞行。

（2）地图导航功能　根据无人机回传的位置信息，将其飞行轨迹标注在电子地图上，显示无人机航迹。同时，可以规划航点航线，设计无人机任务执行方案。

（3）任务回放功能　根据保存在数据库中的飞行数据，在任务结束后，使用回放功能可以观察飞行过程的细节，检查任务执行效果。

（4）天线控制功能　地面控制站实时监控天线的信号状态；根据天线返回的信息，对天线进行调整，使之能始终对准无人机，跟踪其飞行。

相关知识点2：地面站系统软件功能介绍

植保无人机地面站系统现在多形成了集成化软件，能够做到对植保无人机飞行作业的监控功能，拥有地图导航、航线规划、数据保存回放、第一视角（FPV）等功能。为了满足无人作业的飞行控制要求，可以通过传感装置采集图像信息，达到自主避障等功能。植保无人机地面站软件有飞行控制作业软件与测绘软件两部分内容，有些软件也将两者整合到一起，方便驾驶员使用。下面举例介绍地面站软件包含的功能。

1. 作业飞行控制软件

（1）登录软件页面　输入账户名称与密码，如图 3-39 所示。

（2）主页面样式　主页面（用户页面）模块是地面植保作业人员与无人机交互的窗口。用户页面是基于微软基础类库（MFC）框架的对话框，基于该对话框，添加了地图操控的 ActiveX 控件、虚拟航空仪表控件、菜单和 MFC 基本控件等，力求页面友好，操纵方便，如图 3-40 所示。

图 3-39　软件登录页面

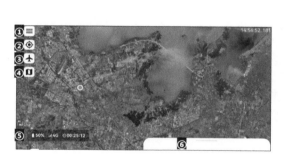

图 3-40　软件主页面

项目	功能说明
菜单键	包含用户信息、需求、无人机信息、任务记录、通信模式、基站、固件升级等功能
定位键	定位到当前位置
无人机功能	包含药箱清洗等功能
切换	切换谷歌地图
信息显示	显示无人机主电池电量、4G 信号与运行时间
需求列表	可见所有需求及需求内的地块列表

1）个人中心栏中可以显示用户信息，如图 3-41 所示。

←	我的信息	
名称		修—
用户Id		
手机号		182
密码		············· >
	退出	

图 3-41　用户信息页面

2）任务需求。

① 选择需求：可在首页直接上滑需求列表，如图 3-42 所示。

② 查看需求：可查看搜索全部任务、作业中的任务和已完成的任务，如图 3-42 所示。

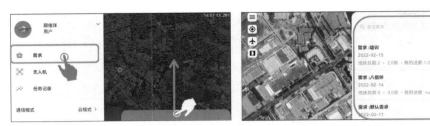

图 3-42 任务需求选择及查看页面

③ 查看地块：点开需求后可查看需求内的地块编号、大小和距离等信息，如图 3-43 所示。

3）无人机信息。

① 在菜单栏中选择"无人机"，单击打开界面，进入无人机管理页面，如图 3-44 所示。

图 3-43 地块查看页面

图 3-44 无人机管理页面

② 单击查看无人机信息，如图 3-45 所示。

③ 根据页面中功能操作无人机。

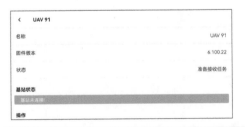

项目	功能说明
磁罗盘校准	可以根据校准提示开始校准
流量校准	进入流量校准页面，可进行喷洒时间和流量大小的设置
药箱清洗	开启清洗功能，喷头流出清水后可单击关闭
查看状态	可显示无人机故障信息，可以检查无人机的工作状态
下载日志	可上传无人机日志、视觉日志等
解除配对	地面站与无人机配对解除；无人机在作业中或已被选择是无法解除配对的

图 3-45 无人机信息页面

4）任务记录。

① 菜单中选择"任务记录"，如图 3-46 所示。

② 查看记录：可查看所有已完成的任务、地块、作业模式、作业亩数。

图 3-46 任务信息页面

③ 任务详情：可查看任务详情，支持扫码分享，如图 3-47 所示。

图 3-47 任务详情分享码

5）固件升级：按图 3-48 所示，根据提示升级无人机固件到最新版本（无人机出厂前，所有固件为当前最新版）。

6）版本管理：及时检查并更新固件版本至最新，如图 3-48 所示。

图 3-48 固件升级与版本管理

7）日志上传：可以将地面站日志上传小程序软件，方便以后查看，如图 3-49 所示。

8）版本号：请及时检查并在"版本管理"里更新至最新，图 3-49 中红色框内即为版本号。

图 3-49　日志上传及版本号

2. 测绘软件的功能介绍

测绘软件主要用于作业地块的测绘，主要功能如下：

1）作业地块边界及障碍物测绘：使用者可选择手绘模式及设备测绘模式进行测绘。

2）复制地块：复制已有地块信息，使同一地块重复作业更加便捷。

3）地块编辑：使用者可使用编辑功能对地块进行分割、合并等操作。

4）测距功能：使用者可使用测距功能，根据实际需求测量指定两点间的距离。

5）地块赠送：使用者可将需求内的地块赠送给其他驾驶员，提高工作效率。

6）新建需求：可以直接创建需求，高效作业。

3. 测绘软件的使用

（1）登录页面与主页面（见图 3-50）　主页面包含以下内容：

图 3-50　测绘软件登录页面与主页面

1）菜单键：包含用户信息、上传 App 日志、密码修改、版本号等。

2）侧边栏：包含基站、测绘器、飞行器的设备信息和定位按钮。

3）地块列表：列表信息、新建地块等。

4）需求列表：需求信息、新建需求和地块等。

5）搜索栏：可搜索信息。

6）筛选：筛选条件。

7）多选：可进行地块批量转移、赠送、缓存和删除。

8）选项：地块转移、复制、赠送、分割、合并等选项。

9）测距：地图锚点测距、测亩数。

10）新建地块：可选择测绘器打点、飞行器打点、手绘打点等打点模式。

（2）操作流程　登录账号—连接测绘器—连接基站—新建需求—新建地块—地块测绘—上传地块信息。

（3）操作流程部分详解

1）新建需求时要提交需求名称、作业日期、客户信息等内容，如图3-51所示。

图 3-51　新建需求操作

2）新建地块时要在需求文件列表中进行选择，如图3-52所示。

图 3-52　新建地块操作

相关知识点 3：全自主作业操作

无人机全自主作业的操作步骤包括：登录账号，选择地块，设置参数，起飞前检查，发送任务、滑动键起飞、开始作业，返航降落。

（1）登录账号

1）遥控器开机、打开地面站，无人机通电开机。

2）登录地面站账号进入首页，连接无人机。

（2）选择地块　在地块列表中选择地块，如图3-53所示。

图 3-53　选择地块页面

（3）设置参数

1）进入任务设置页面，单击【路径规划】查看，如图3-54所示。

图3-54　选择路径规划页面

2）进行路径规划设置（见图3-55），先设置规划参数，如行间距、是否扫边、参考边、起飞点设置，再单击【开始规划】，最后单击【确认规划】。

图3-55　路径规划设置页面

3）返回任务设置页面，单击【参数设置】查看，如图3-56所示。

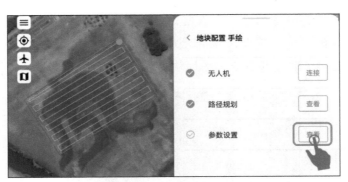

图3-56　选择参数设置页面

4）进行参数设置，包括夜航模式、避障开关、亩喷量、起飞高度、作业高度、作业速度、进出速度、雾化粒径和转弯喷洒增量等，设置完成后单击【保存】，如图3-57所示。

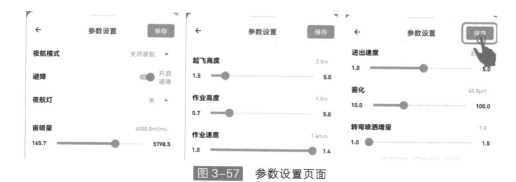

图 3-57 参数设置页面

（4）起飞前检查

1）在起飞前核对参数、检查机臂卡扣。

2）检查电动机桨叶以及转向是否损坏。

3）擦拭距离、高度、视觉、毫米波传感器，确认清洁无遮挡。

4）确认起飞点与地块间的距离，不要过远，要在合理范围内，不要超 50m，且要确认进入地块路线是否合理。

5）确认后进行下一步。

（5）发送任务、滑动键起飞、开始作业（见图 3-58） 植保无人机执行自主作业飞行中，可以通过地面站飞行面板查看无人机实时飞行数据和作业数据。

（6）返航降落 作业完成或接收相关指令后，无人机返回降落点。

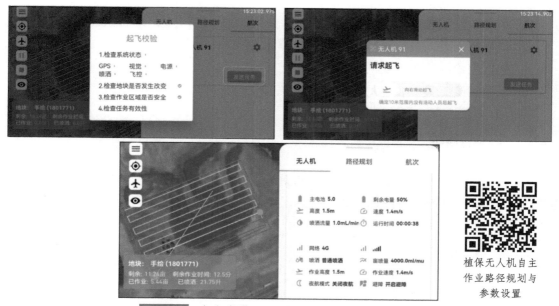

植保无人机自主
作业路径规划与
参数设置

图 3-58 任务发送页面、起飞页面、作业参数页面

■■■ 任 务 核 验 ■■■

思考题

1. 请简述无人机地面站系统。

2. 简述植保无人机地面站软件的主要功能（不少于 5 个）。

3. 请列出植保无人机自主飞行操作主要流程。

实训任务 1　植保无人机测绘实训

 技能目标

1. 学习区分三种打点方式的精确度。
2. 掌握植保无人机三种打点方式的操作流程。
3. 掌握测绘圈地与地块的设置方法。
4. 掌握测绘工具、软件的正确使用方法。

 任务描述

利用植保无人机与测绘工具，按照测绘打点操作流程进行打点圈地。实践三种打点测绘方式，体会三种测绘圈地方式的特点。记录并归纳测绘精度。

 任务实施

1. 任务准备

准备好实训所用植保无人机与配套设备；手机和遥控器提前下载安装测绘软件；准备好与植保无人机配套的测绘打点器，选择好测绘实训场地。

2. 打点测绘实训内容

（1）地图打点（可室内进行操作训练）

1）打开已安装的测绘软件，根据学员分组提供登录账号，按照学习任务中的指导操作流程进行操作，如图 3-59 所示。

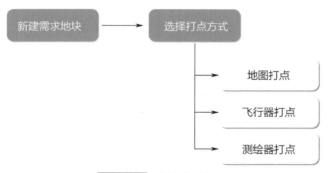

图 3-59 测绘打点流程

2）登录测绘软件后，在主页面选择"新建需求"，在新建的需求文件夹内"新建地块"。选择打点方式"地图打点"，填写地块信息并进入地图界面添加地块边界点。

3）将地图在视图窗口放到最大，找到所在地位置，移动光标并确认地图打点位置。完成并保存新建地块，如图 3-60 所示。

图 3-60 地图测绘打点页面

4）每位学员进行多次操作训练，各自新建个人需求，需求内新建 3~5 个地图测绘新地块。完成后，统一由实训指导人员进行评分指正。

（2）飞行器打点

1）将准备好的植保无人机与相关设备带至实训场地。

2）打开遥控器并连接植保无人机。

3）根据打点测绘流程，在遥控器或手机上新建需求地块并选择"飞行器打点"。

4）操纵植保无人机空载起飞，实训人员根据学员无人机操纵能力判断是否辅助学员完成飞行。将无人机飞至所选地块边界点上空，缓慢降低无人机高度到达地面作物冠顶约 2m 处，可切换 FPV 观察地块边界，记录确定边界点。

　　5）各边界点记录完成后，操纵无人机返航降落。

　　6）保存新建地块。可根据实训情况选择不同大小、形状地块进行飞行打点圈地训练。

　　（3）测绘器打点

　　1）打开手机测绘软件与测绘器设备，利用手机蓝牙与测绘软件连接基站与测绘器，如图 3-61 所示。

　　2）根据操作流程新建需求与地块，填写地块信息并选择"高精度"打点。

　　3）手持测绘器，利用正确姿势，行至地块边界点处位置，观察软件页面地图确认记录边界点位置。逐个添加边界点，完成地块的圈定。

　　4）完成并保存新建地块，关闭测绘器电源。

图 3-61　测绘器打点页面

3. 打点测绘精度验证

　　根据三种打点方式所圈定的相同地块，操纵植保无人机进行航线规划与作业飞行。观察记录三种打点方式所测绘地块中，植保无人机作业飞行航迹与地块边界线的距离误差值。为求验证精准度，可进行多次观察试验，每个试验地块也可取多次测量值，取试验结果均值，完成表 3-3 的内容。

表 3-3　打点精度误差测绘

测绘方式	地块 1 误差值	地块 2 误差值	地块 3 误差值	平均值
地图打点				
测绘器打点				
测绘建模				

═══════ 任 务 核 验 ═══════

一、思考题

1. 简述植保无人机地图打点的操作流程与注意事项。

2. 简述植保无人机飞行打点的操作步骤与注意事项。

3. 简述测绘器打点使用的方法。

二、练习

通过实训任务准备相关内容，完成工作页手册项目 3 中的实训任务 1。

实训任务 2　植保无人机手动飞行实训

 ## 技能目标

1. 掌握植保无人机手动飞行方式。
2. 掌握植保无人机常用手动飞行技巧。
3. 掌握植保无人机手动飞行注意事项。
4. 掌握遥控器上功能键位设置。

 ## 任务描述

学习使用遥控器遥杆，手动控制植保无人机飞行。掌握植保作业中，手动飞行的路线与技巧。通过学习植保无人机飞行操控，了解并掌握植保无人机手动飞行中要注意的事项，最终完成实训任务后，使学员们能够独立完成植保无人机的手动飞行。

任务实施

1. 任务准备

（1）信息准备　确认参训人员、培训人员数量与操控植保无人机飞行技术水平；确认培训的时间、场地、周期等信息。

（2）器材准备　准备培训所用植保无人机、遥控器、电池、充电器、打点器、水箱、工具包、易损件等。

2. 训练内容

（1）遥控器介绍　根据实物与学习任务 3 中遥控器（见图 3-27）介绍，认识遥控器上的摇杆与功能键。

（2）无人机飞行技巧

1）定点起降：植保无人机往往在狭窄的田地道路起降，地面道路并不一定平整，这就要求驾驶员具有较强的定点垂直起降操控能力。许多事故都是由于无人机手动起降发生意外造成。

训练方法：多次手动定点起飞、降落练习。

2）匀速直线飞行：为了保证植保作业不产生漏喷、重喷等现象，保证喷洒的均匀性，就要尽可能做到匀速直线飞行。

训练方法：直线往返匀速飞行练习或矩形图形匀速飞行练习。

3）超视距飞行：驾驶员视距有限，当无人机飞行较远距离后需要进行手动操控，驾驶员要能够根据航灯或 FPV 图像信息判断无人机朝向并安全操控无人机避障或选择合适位置迫降。

训练方法：FPV 模式手动返航、定点起降、飞行避障练习。

4）"8" 字绕飞："8" 字绕飞在植保无人机作业中并无应用，通常只是为了锻炼驾驶员的手动飞行能力，加强杆位熟练度。训练中可根据学员操控能力适当安排。

训练方法：操纵无人机连续左右飞行圆轨迹，形成水平 "8" 字，如图 3-62 所示。

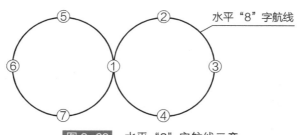

植保无人机手动
飞行训练

图 3-62　水平 "8" 字航线示意

（3）飞行训练注意事项

1）起动前提醒无关人员离无人机 20m 以上，工作人员离无人机 10m 以上。

2）手动飞行必须上传任务，否则无任务数据出现意外保险拒绝理赔。

3）切换至手动模式，无人机起飞后不可随意切换模式。

4）遥控杆内八（或外八）解锁：遥控杆呈外"八"字（或内"八"字）形式解锁，即左右摇杆同时向外或向内各 45° 斜下方打杆。观察电动机，电动机转动后回杆。

5）检查电动机相位及旋转方向（首次必须检查）。

6）慢推油门摇杆，观察无人机方向，做到平稳起飞。

7）高度 2m 左右悬停时，观察无人机悬停状态，各项指标是否正常。

8）测试杆位，对尾悬停后进行左右自旋，对尾的向前、向后、向左、向右飞行（缓慢加速、减速、制动）。熟悉杆位灵敏度后开始训练。

9）手动作业，打开喷洒开关，注意无人机偏航量，高度变化等。

10）无人机飞行中任何时候都禁止将油门拉到最低。离地时注意观察，如果有异常则迅速降落。

═══════ 任 务 核 验 ═══════

一、思考题

1. 简述植保无人机遥控器功能。

2. 简述植保无人机飞行训练的几种技巧。

3. 简述美国手、日本式、中国手遥控的操纵区别。

二、练习

通过实训任务准备相关内容，完成工作页手册项目 3 中的实训任务 2。

实训任务 3　植保无人机自主飞行实训

 技能目标

1. 掌握植保无人机自主作业地面站软件的使用。
2. 掌握作业参数的设置。
3. 掌握植保无人机自主作业流程。

 任务描述

学习植保无人机自主飞行作业的操作，掌握无人机地面站软件的应用以及相关参数设置。通过此次实训，使学员掌握操纵植保无人机准确无误地按照操作流程实施作业。

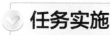

1. 任务准备

准备培训所用植保无人机、遥控器、电池、充电器、打点器、水箱、工具包、易损件等物品。准备好实训场地与喷洒用的水桶（模拟药液）。

2. 任务实施

植保无人机自主作业流程：首先进行任务地块测绘，然后进入无人机地面站操作软件进行路径规划与参数设置，最后上传地块规划信息并按照航线执行作业。

（1）地块测绘　利用测绘软件对任务地块进行测绘。具体操作流程：登录测绘软件—连接云基站—新建需求—新建地块—选择打点方式—地块测绘—上传地块信息。

地块测绘注意事项：

1）地块测绘时需先连接云基站，注意云基站到期时间（到期后不提供免费使用），如图 3-63 所示。

2）如果应用测绘器打点，需先通过软件连接测绘器。

3）手机蓝牙连接测绘器时，不能远离测绘器超过 5m。

4）填写地块信息时，根据场地真实情况填写。

5）将测绘器移动到地块边界点后，等待定位数据都变为绿色再进行打点。

6）用手机或遥控器搜索连接无人机时，需与无人机保持在 5m 范围内。

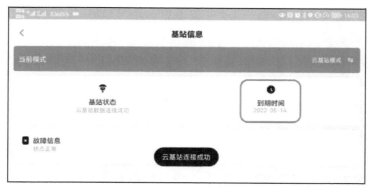

图 3-63　基站连接界面

7）利用无人机飞行打点，先用肉眼观察，将无人机安全飞行至边界点附近悬停，通过水平摄像头观察边界点位置，再通过地图与 FPV 同时观察慢速挪移至边界点附近。

8）飞行打点过程注意图像传输延迟，路径过远图像传输会有 1~2s 的画面延迟。

9）打点位置尽可能靠地块内测，如果边界位置有障碍物，需保持安全距离打点。

10）无人机飞行打点过程请注意电池电量，当电量低于 40% 时请立即返航。

11）地块测绘严格按照地块测绘规则进行。

（2）路径规划与参数设置　利用地面站操作软件对无人机飞行路径进行规划并设置飞行作业参数。具体操作流程：登录作业软件—选择需求—选择地块—路径规划—参数设置—发送任务。

路径规划与参数设置就是根据已测绘出的任务地块，对其进行航线作业的编辑设置，设计规划航线与设置作业飞行数据，如图 3-64、图 3-65 所示。

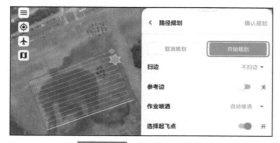

图 3-64　路径规划页面

图 3-65　参数设置页面

参数设置时有以下情况应关闭避障功能：

1）当地块周围和地块中心没有任何障碍物。

2）已对障碍物进行了精准的打点测绘。

3）丘陵山地作业必须关掉（避障功能是遇障碍物水平避障，关闭后在丘陵山地无人机不在水平方向绕障，而是进行爬升，飞跃障碍物）。

（3）航线任务执行　操纵植保无人机进行自主飞行作业。具体操作流程：起飞前检查—发送任务—起飞执行航线—作业完成返航—清洗保养并上传日志。

起飞前自检需确认：

1）在起飞前核对参数，检查机臂卡扣，电动机和桨叶转向以及是否损坏。

2）擦拭距离、高度、视觉、毫米波传感器，确认清洁无遮挡。

3）确认起飞点与地块间的距离，不要过远，要在合理范围内（不超过 50m），并且确认进入地块路线是否合理。

发送任务，无人机会自动开启喷洒排气功能，将管路内的空气排出。也可以在发送任务前，开启喷洒排气或强制喷洒功能，将管路内的空气排出。喷洒排气操作页面如图 3-66 所示。

无人机起飞前会对各系统进行效验，检测各参数，完成后可进行一键起飞，其起飞页面如图 3-67 所示。

图 3-66　喷洒排气操作页面

图 3-67　一键起飞页面

任 务 核 验

一、思考题

1. 简述植保无人机测绘流程。

2. 简述植保无人机路径规划与参数设置流程。

3. 简述植保无人机自主飞行操作流程。

二、练习

通过实训任务准备相关内容，完成工作页手册项目 3 中的实训任务 3。

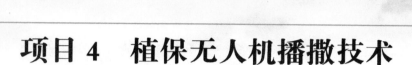

项目 4　植保无人机播撒技术

学习任务　植保无人机播撒技术概述

　知识目标

1. 了解无人机与人工在播撒技术上的区别。
2. 了解常见播撒系统。
3. 掌握播撒系统换装。
4. 掌握播撒物品类型及预处理。
5. 掌握播撒系统校准调试。
6. 掌握播撒系统操作流程。

任务描述

本部分内容将介绍植保无人机是如何进行种子、化肥等物料的播撒，以及植保无人机的播撒系统，包括播撒系统类型、系统换装与校准、物料种类与预处理、播撒系统的使用操作。

植保无人机不光只是应用于药物喷洒环节，利用无人机的跨地形空中作业优势，可以应用到种子播撒、肥料施肥、饲料投喂等各个环节。播撒系统也成为无人机的重要作业设备。为了应对现代植保无人机不同的作业需求，学习并掌握无人机播撒设备的操作流程，也是当下植保无人机驾驶员必须做到的。

任务学习

相关知识点1：人工播撒与无人机播撒的区别

1. 人工播撒

传统农业中的播种、施肥，无论是哪道工序，都需要投入大量的精力，效率极其低下，如图4-1所示。传统的人力播种，每人每天（按8h工作量计算）大概能播撒20亩，且播撒的均匀性较低。而针对同样的工作量，无人机预计30min就能完成，且播撒更均衡。

图4-1　人工播撒

2. 无人机播撒

（1）效率高　植保无人机可根据用户设置，调整播撒的行距和密度分布，结合人工智能算法可实现边角处的播撒均匀性。常见播撒器可播撒颗粒物直径为1~6mm，一些播撒器可播撒直径低至0.5~10mm的颗粒物，甚至可以实现粉剂播撒，播幅可调至7~8m，具有播撒密度均匀、作业范围大、性能稳定等特点，与传统的人工播种相比，效率大为提高。

（2）播撒均匀　植保无人机可以实现全向360°播撒或线性均匀播撒，播撒形式虽略有不同，但通过调试，最终均能保证落料均匀、不重播漏播，如图4-2所示。

植保无人机
播撒效果

图4-2　无人机播撒效果

（3）结构简单，操作灵活　植保无人机播撒器可以实现亩用量在0.5~20kg（因播撒器不同，数值会有差异）可调，更具灵活性和精准性，结合大数据统计获得的指导用量，让新手驾驶员也能轻松作业。

相关知识点2：常见播撒系统介绍

常见的播撒系统有图4-3所示的离心甩盘式、喷气风送式和螺旋送料甩盘式三种。

a）离心甩盘式　　　　　b）喷气风送式　　　　　c）螺旋送料甩盘式

图 4-3　常见的播撒系统

1. 离心甩盘式

离心甩盘式播撒系统主要由料箱、缺料传感器、搅拌器、播撒器和离心甩盘组成（见图 4-4），它的工作原理是通过重力将料送到播撒盘，再通过播撒盘高速旋转产生的离心力将料撒出去。

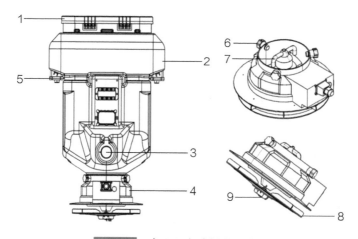

图 4-4　离心甩盘式播撒器结构

1—料箱盖（下料口）　2—播撒器料箱　3—缺料传感器　4—颗粒播撒器　5—称重传感器
6—播撒器紧固螺栓　7—搅拌器　8.—离心甩盘　9—转盘紧固件

（1）离心甩盘式播撒系统的优势　换装快速、便捷；播撒器内置搅拌装置，可以有效防止落料堵塞，提高作业效率与可靠性；配备称重传感器及雷达检测模块，能够在地面上准确测量物料重量以及空中缺料情况，可有效防止物料超重影响飞行安全。

（2）离心甩盘式播撒系统的劣势　离心甩盘式播撒无法精准控制播撒量，物料利用自身重力进行供料，但随着物料不断减少，物料供给压力会减小，供料速度与播撒开口大小并不是完全呈线性关系；而且一旦物料较为潮湿，可能会造成物料之间的相互粘黏，不利于落料，造成播撒不均匀。

2. 喷气风送式

喷气风送式播撒系统主要由料箱、滚轴、电动机、鼓风机和风机罩组成，如图 4-5 所示。它的工作原理是滚轴电动机经过减速器变速增矩后驱动滚轴转动，同时把颗粒从料箱里分散出来，涵道风扇吹出高速气流，把物料通过角度均匀分布的导流罩均匀射出，快速吹向目标区域。

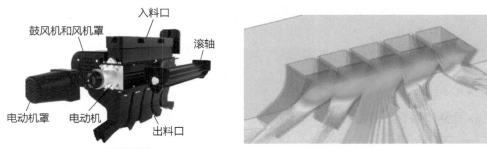

图 4-5 喷气风送式播撒器出料模块与工作原理示意

（1）喷气风送式播撒系统的优势 播撒器采用柔性滚轮设计，采用有弹性的柔性胶条，在滚动出料时对种子几乎无损伤；采用独立风道、高速气流风送式无接触播撒，对种子也几乎无损伤。

（2）喷气风送式播撒系统的劣势 这种施肥或播撒方式气流压力小，肥粒或种子速度较低，容易留在叶面上或土壤表面，导致其施肥或播种的精准度差且效率低，造成肥粒和种子不必要的浪费。

3. 螺旋送料甩盘式

螺旋送料甩盘式播撒系统主要由绞龙电动机、螺旋滚轴、螺旋叶片、电动机罩和出料甩盘等组成，如图 4-6 所示。这种结构实际应当视作出料与播料两部分，即螺旋送料加甩盘，它的工作原理是电动机带动螺旋轴转动，螺旋叶片中的物料被传送至甩盘上方，甩盘利用离心力把物料甩撒出去。

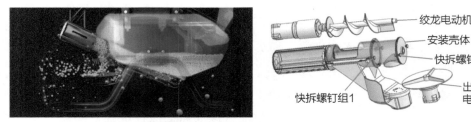

图 4-6 螺旋送料甩盘式播撒效果与主体结构

（1）螺旋送料甩盘式播撒系统的优势 利用螺旋送料原理实现精准下料，出料量根据电动机转速可调，比利用重力下料更精准。遇到物料轻度潮湿的情况，利用重力下料的播撒器很可能因为黏滞而无法正常工作，但螺旋送料式的播撒器因为有动力送料，基本可以正常使用。

（2）螺旋送料甩盘式播撒系统的劣势 送料与甩盘至少需要两套电动机，无形中增大了无人机的载荷和电能输出。两套电动机的配合使用，也增加了播撒的故障率。

相关知识点 3：播撒器安装与调试

以常见的离心甩盘式播撒系统为例，对播撒系统的安装与调试方法进行介绍。

1. 播撒系统的安装方法

（1）移除水箱 从无人机底部将流量计的双出水管固定螺栓拧开，拔除双水管；拆除前机壳，拔除液位计连接接头，将水箱从上方抽走，水箱出水管可用透明胶布密封后保存，如图 4-7 所示。

图 4-7 移除水箱操作

（2）连接播撒器控制线

1）先将植保无人机播撒器控制口的防护插头取下，再将播撒器控制连接线从播撒器上解下，将另一头插入播撒器控制端口，如图 4-8 所示。

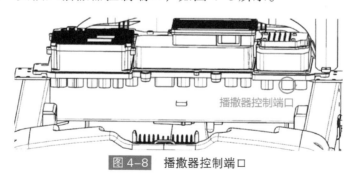

图 4-8 播撒器控制端口

2）插入播撒器。插入时注意播撒器挤压出线口接头或其他部件，请小心操作，插入播撒器后连接控制线，完成安装。

2. 播撒系统的调试方法

播撒器在以下两种情况下需要进行校准：①初次使用前进行校准；②播撒不同物料

（直径不同物料）前进行校准调试。

对于自由落体出料的播撒器而言，下料量并不是与开口大小呈完全线性的，试验表明，线性关系在 30%~80% 的区间比较明显，可根据图 4-9 所示线性关系观察得出，其余位置无法正常工作（不能直接获得播撒的量）。正是因为如此，才需要采取使用前校准操作，以获得更好的定量播撒效果。

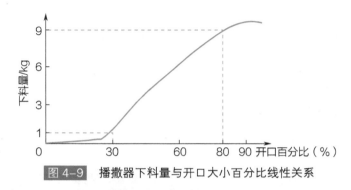

图 4-9　播撒器下料量与开口大小百分比线性关系

使用播撒器前请先校准播撒物料的流速，先校准低流速（小于 50%），再校准高流速（大于 50%）。通过简单两次校准即可完成播撒流速校准，地面站将自动保存此次校准数据，相同物料可以重复使用此校准数据。校准前请将离心转盘拆下，具体校准操作步骤如下：

1）遥控器开机，打开地面站，登录账号，无人机通电开机。

2）连接无人机。单击地面站主页面左上角的"无人机"图标，搜索机架号连接配对，连接成功后界面会显示该无人机，单击图标"❶"，进入设备信息页面，如图 4-10a 所示。

3）进入设备信息页面。设备信息页面底部可以选择"播撒器校准"，如图 4-10b 所示。

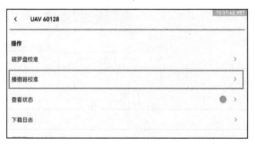

a）设备信息页面　　　　　　　　　b）校准功能页面

图 4-10　设备信息页面与校准功能页面

4）执行校准前准备。

① 校准前请将离心甩盘拆下：抓住离心盘，逆时针旋转紧固件，拆下离心甩盘。

② 用凳子或其他物品将无人机垫高，承物袋承接校准时下播的物料，播撒校准时间结束后，对承接物料进行称重，如图 4-11 所示。

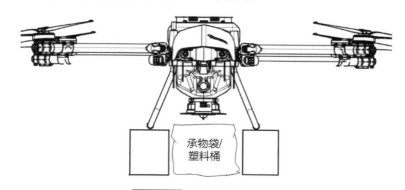

图 4-11　播撒器校准操作

5）低开度校准。在出料口处放置承物袋，设置低开度校准的开口大小（一般小于 50%）和校准时长后开始执行校准，如图 4-12 所示，此时界面呈现倒计时并开始播撒物料。倒计时结束后将承物袋中的物料放在电子秤上称重，并输入校准系统中，单击下一步开始第二次高流速校准。

 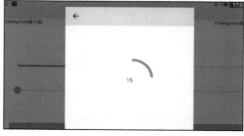

图 4-12　校准开口设置页面

注意：建议加满箱物料，校准时长 20～30s，避免因物料缺少导致校准未完成；对于亩施用量较小（小于 8kg/ 亩）且流动性较好的物料，可以使用较小开度校准，如 20%～30%；对于流动性差且亩施用量较大（大于 8kg/ 亩）的物料，则使用大一些的开度校准，如 40%。

如图 4-13 所示，倒计时结束后将承物袋中播撒出来的物料放在电子秤上称重，获得承物袋的实际重量（注意称重结果需减去承物袋自身重量）并输入校准系统中，单击下一步开始第二次高开度校准。

6）高开度校准。重复低开度校准的流程（第二次开度要比第一次大 30% 以上），如图 4-14 所示，最后输入电子秤称重的重量，保存校准数据，返回播撒器系统页面。校准完成后，校准结果页面输出当前物料种类最大和最小分钟播撒量。

图 4-13 物料称重示意

图 4-14 高开度校准操作

　　注意：建议再次加满料箱，避免大流速下因物料不足导致校准失败，建议进行20~30s校准；与小开度校准一样，对于亩施用量较小（小于8kg/亩）且流动性较好的物料，可以使用较小开度校准，如50%~60%；对于流动性差且亩施用量较大（大于8kg/亩）的物料，则使用大一些的开度校准，如80%。

　　对于螺旋送料式物料箱，因其物料的输送通过绞龙电动机输送，电动机的运转速度与物料的输送呈线性关系并且可以控制调节，所以螺旋送料式播撒系统校准调节更加简便，物料播撒更加精确。

播撒器换装

播撒器校准及
使用注意事项

播撒测试

相关知识点 4：播撒物品与预处理

植保无人机常见的播撒对象有化肥、饲料和种子。对于化肥和饲料的播撒一般要求保持干燥，不需要做特殊处理，直接加注后就可进行播撒，高浓缩肥、缓释肥、液压肥等肥料质量轻、体积小，适合用于飞防作业。尽管有些作物种子的野生性状明显，适应性强，发芽迅速而容易，但对于大部分种子在播种前还是需要进行预处理，以使种子更容易发芽，出苗整齐，便于保持苗全、苗壮，减少苗期管理用工。为了避免种子带菌、带毒，也需对种子做适当的杀菌消毒处理。

种子的处理方法很多，应根据不同情况采取不同的处理方法。目前，播撒种子常见的预处理有浸泡法、层积法、酸碱处理法、种子的消毒杀菌。

1. 浸泡法

把种子浸泡于冷水或温水（35~40℃）之中，如图 4-15 所示，待种子膨胀后平摊在浅盘湿纱布上，上面再覆盖几层湿纱布，以保证发芽时所需要的水分，温度保持在25℃左右，每天用冷水或温水冲洗一遍，待种子发芽后晾干播种。一般种皮较薄者可采用冷水浸泡，种皮较厚者用温水浸泡。

2. 层积法

对于外壳有油质、蜡质的种子，采用糊状湿沙土与种子混合，以利于种子吸水发芽；或用草木灰浸种，待温度降到40℃时采用浸泡，种子泡软后用手反复揉搓，去掉油、蜡后再用清水浸泡一昼夜后晾干播种，可加速种子发芽；也可采用变温催芽法，即浸种后白天保持25~30℃，夜晚温度为15℃左右，反复进行 10~20 天，则可促进发芽，如图 4-16 所示。

图 4-15　浸泡种子

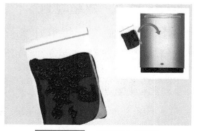

图 4-16　层积法示意

3. 酸碱处理法

把具有坚硬种皮的种子，浸在有腐蚀性的酸碱溶液中，经过短时间处理，使种壳变薄，透性增加。常用95%浓硫酸浸种 10~20min，或 10%氢氧化钠浸种 24h 左右，浸泡时间长短依不同种子而定。浸后的种子必须用清水冲洗干净。

4. 种子的消毒杀菌方法

对于能耐温水处理的种子用 55℃温水浸种 15min，并不断搅拌；用 50% 多菌灵可湿性粉剂 500 倍液浸种 1h，或用福尔马林 100 倍液消毒 10min，但必须充分冲洗后才能催芽或播种。

现阶段播撒器面临的最大难题是无法有效处理潮湿的种子和板结的肥料。潮湿种子与化肥粘黏在一起，无法有效通过滤网，如图 4-17 所示。受潮湿环境影响已出芽的种子，播撒过程中可能会损伤种芽。尽管可以采用搅拌杆或者滤网的方式，但都是治标不治本。因此，现阶段大部分无人机播撒器都要求播撒的物料是干燥的固体颗粒。

图 4-17　板结化肥与播撒器滤网

相关知识点 5：播撒器的使用与注意事项

1. 播撒器使用方法

1）加注物料：在换装调试完播撒设备后，根据无人机载荷量与作业量加注物料。加注方法就是将物料预处理后直接加到播撒器的料箱中即可。

2）路径规划设置播撒参数：在地面站主页面选择"需求"，在"需求列表"中选择要作业的地块，单击"路径规划"，"选择参考边"设置与参考边平行的方向为作业飞行方向，选择"起降点"，生成作业路径图。单击"参数设置"，设置"亩喷量""飞行速度""飞行高度"等作业参数，如图 4-18 所示。

图 4-18　播撒参数设置页面

3）编辑完成后，执行无人机自主作业飞行。如果进行手动飞行作业，那么对于未经校准的播撒器系统，手动控制的阀门值将维持在一半位置；已经校准并设置播撒参数，手动飞行播撒为自动亩用量。

2. 播撒器使用注意事项

1）产品拆卸维修需由专业人士进行，请勿自行拆解。产品报废需拆解相关零件时（如电器元件、金属件、塑料件等），应分类收集交由有相关资质单位或环卫部门处理。

2）撒播系统作业箱最大载重与无人机起飞重量有关，切勿超重使用。

3）使用时务必小心，谨防机械结构伤手。

4）保持喷洒系统水阀进水口内无异物。若颗粒物不慎掉入，请及时清除，避免喷洒系统堵塞损坏。

5）进行播撒作业时，务必远离播撒系统，以免造成人身伤害。

6）播撒系统具备日常环境中 IP67 防护等级与性能，可以用水冲洗。但是，其防护能力并非永久有效，可能会因长期使用老化磨损、维修后下降，甚至可能失效。由于液体侵入导致的损坏不在保修范围内，用水冲洗前请检查密封处是否变形、开裂，接口保护盖或防水胶盖是否有松脱等情况。

7）保持缺料传感器的清洁，尽量做到防腐蚀及避免其他物体的剧烈撞击。

8）播撒干燥固态颗粒的直径范围为 1~6mm，颗粒不能过大或过小，否则易导致播撒器喷盘卡死。

9）测试亩用量精准度需进行 3 条以上的长航线飞行，每条航线长 100m 以上，在这样的地块进行确认测试。

10）手动飞行时，如未校准，则阀门开度值将维持在一半位置，流速恒定；如已校准，并设置了亩用量、喷幅、速度，发送了地块任务，则手动飞行的最大播撒流速将自动默认为已设置的亩喷量等相关数据计算所得的播撒流速。

11）播撒器单独放置时采用料箱口朝下倒置方式，以免损坏播撒盘。

任 务 核 验

思考题

1. 简述植保无人机播撒相较人工播撒的优势。

2. 简述常见三种播撒系统的优缺点。

3. 简述植保无人机播撒系统的校准方法流程。

实训任务　植保无人机播撒作业实训

 技能目标

1. 掌握植保无人机播撒器换装。
2. 掌握播撒器系统校准。
3. 掌握植保无人机播撒作业流程。
4. 掌握播撒作业注意事项。

 任务描述

　　无人机在农业服务上的运用不仅限于喷洒药液，智能播撒系统的研发生产使植保无人机升级为集打药、播种、施肥功能于一体的农业无人机。学习掌握植保无人机播撒系统的安装与使用，正确操纵播撒器系统应用于飞防作业中，是本部分实训内容的重点。

任务实施

1. 任务准备

　　准备培训所用植保无人机、遥控器、电池、充电器、播撒器、水箱、工具包、电子秤、物料袋等物品。

2. 任务操作

　　（1）播撒器换装　播撒器换装涉及水箱拆卸与播撒器连接安装。

　　1）水箱拆卸时需注意两点：一是水箱出水口与流量计的连接拆卸，要确保出水口滤网与防渗漏垫圈不可脱落遗失；二是水箱液位计信号线连接断开。

　　2）播撒器连接也需注意两点：一是播撒器电源线与前分电板连接，用于甩盘驱动；二是播撒器控制端口连接，控制播撒器。未连接播撒器时，连接端口是用插头堵塞防止插孔受损，需去除堵塞插头后进行连接。

　　（2）播撒器校准

　　1）选择执行校准的档位：选择合适档位，分两次校准。如果当前档位未校准，则档位会显示红色字迹提醒，已经校准则显示为绿色字迹。播撒器系统档位设置如图4-19所示。

　　2）首次校准，将甩盘拆下，下方放置承物袋或物料袋，设置时长并开始校准。校准完成，将播撒的物料称重并填写，如图 4-20 所示。

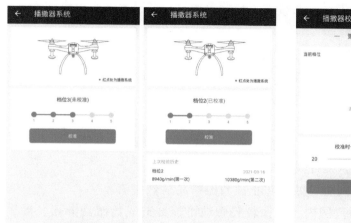

图 4-19　播撒器系统档位设置　　　　图 4-20　第一次校准页面

3）下一步重复首次校准，称重后输入实测重量并保存，返回播撒器页面，档位显示为已校准，如图 4-21 所示。

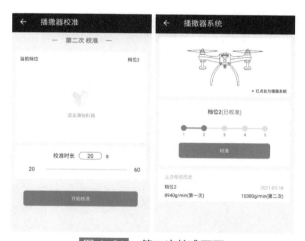

图 4-21　第二次校准页面

（3）播撒器系统作业流程

1）登录账号。

2）连接无人机。

3）进入播撒系统页面。

4）执行校准（如果档位已校准，可跳过此操作）。

5）执行作业。

6）缺料传感器校准（需专业人员指导），如图 4-22 所示。

缺料传感器指示灯常亮，表示料箱有料；指示灯灭，表示料

图 4-22　播撒器缺料传感器调节螺钉

箱空。播撒作业时，可调节缺料传感器灵敏度，改善剩余物料过多或长时间空喷作业等现象。调节方式：余料过多，灵敏度低，逆时针旋转调节螺钉；空喷时间长，灵敏度高，顺时针旋转调节螺钉。

（4）播撒器系统使用注意事项

1）播撒器系统只能适用于相匹配的植保无人机，不同厂家产品不可混用。

2）拆卸维修由专业人员进行，勿私自拆卸。

3）使用时小心机械结构伤手。

4）播撒作业时，应远离播撒器系统，以免造成人身伤害。

5）播撒器不防水，不可用水直接冲洗，应用干净抹布擦拭。

6）保持缺料传感器清洁，做到防腐蚀，防止被其他物品猛烈碰撞。

7）播撒颗粒粒径必须在适用范围内，较大粒径颗粒可能会造成播撒器卡死、播撒不畅等现象。

任 务 核 验

一、思考题

1. 简述更换植保无人机播撒器水箱的操作。

2. 简述植保无人机播撒器校准步骤。

3. 简述植保无人机播撒作业操作流程。

二、练习

通过实训任务准备相关内容，完成工作页手册项目 4 中的实训任务。

项目 5　植保无人机辅助设备操作

学习任务　植保无人机辅助设备操作概述

 ### 知识目标

1. 掌握智能充电设备操作。
2. 掌握离线基站设备操作。
3. 掌握夜航灯设备操作（安装、调试、使用）。

任务描述

在使用植保无人机的过程中，相关辅助设备的应用操作也需要掌握。学习本部分内容，了解充电器的基本信息，掌握智能充电设备的使用操作，在之后的学习应用过程中，能够正确地给无人机电池充电；了解离线基站设备的应用环境，掌握设备操作，能够在无网络信号区域利用离线基站设备正常操作无人机作业；夜间执行作业任务，逐渐成为植保作业者在夏季高温天气的选择，学习掌握无人机夜航灯设备的安装操作，掌握植保无人机夜间飞行能力，应对不同场景环境作业。

辅助设备是植保无人机能够正常运行工作的好帮手。在特殊的作业环境中，普通设备不能保障无人机的安全运行。在户外，智能充电设备可以保障植保无人机电池的循环供应；离线基站可以保障无人机在山间谷地无信号区安全飞行；夜航灯可以提供夜间照明。通过学习掌握本部分内容，可以使无人机驾驶员更好地应对各种飞行情况。

任务学习

相关知识点1：智能充电设备

1. 智能充电器相关参数（见表5-1）

表5-1　智能充电器参数表

项目	参数
型号	JM-C3-7000
重量	约13kg
尺寸	400mm×300mm×240mm
输入电压	90~290V
输出电压	58.8V
输出电流	120A
充电功率	7000W（220V供电）
智能保护	具有短路、过电压、过温、欠电压、风扇堵转等保护功能

将充电器连接市电或车载燃油发电机，选择好充电模式，连接好充电插头，即可对植保无人机电池进行智能充电，电池充满电后，有指示灯提醒。

2. 充电器结构说明

图5-1和图5-2所示分别为充电器结构和充电器实物。充电器为集成箱体，提手方便取用，前面板留有较大面积的散热孔，在进行电源功率转换时能够有效散热。防尘网设置能够有效保护内部元件，减少灰尘进入影响充电器运行。

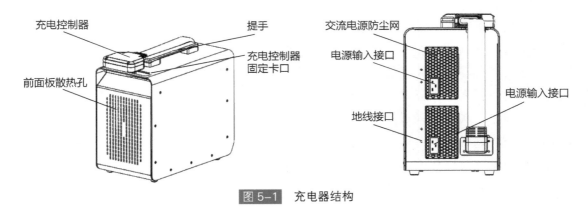

图5-1　充电器结构

3. 充电器指示灯（见图 5-3）说明

图 5-2　充电器实物

蓝牙　电池　故障

图 5-3　充电器指示灯

（1）电池充电状态指示灯　发光二极管（LED）指示所插入电池的充电状态：①黄灯常亮表示未开始充电；②绿灯闪烁表示正在充电；③绿灯常亮表示电量充满。

（2）蓝牙指示灯　LED 指示蓝牙连接情况：①绿灯闪烁表示等待 App 连接；②绿灯常亮表示充电器已连接 App。

（3）故障指示灯　LED 红灯闪烁表示充电器或电池报警。

4. 使用前外观检查

1）检查充电器、电源输入线缆是否有破损，确认线缆无异常。

2）检查充电器插针是否存在变形。

3）检查发电机供电线和插口是否存在破损、变形或异物堵塞。

5. 使用 App 检查

1）接入电源后，检查风扇是否正常运转。

2）观察充电器故障灯是否为熄灭状态，熄灭状态表示充电器自检正常。

3）打开蓝牙并连接充电器 App，找到对应的充电器型号并连接，检查充电器状态。接上充电器 App 后，分别选择"充电器详情""充电模块""故障信息"，如图 5-4 所示表明充电器工作正常。

6. 充电开始

1）充电器在使用时务必保证良好接地，请使用接地线将充电器的外壳接地，将接地接口的螺钉拧下后固定接地线。

2）将充电器连接至市电（家用电路）或者发电机。

3）将充电线连接头插入电池开始充电。

图 5-4　充电器 App 页面

4）充电器交流（AC）端配备两个电源输入插口。

注意：

- 在家庭环境下，充电器将自动判定并采取 3000W 小功率充电，避免电流过大造成家用电路过载产生危险。此时，充电时间约为 30min。
- 如果使用 9000W 以上的发电机，则充电时间约为 11min。
- 充电器接口可以同时接入两路电路：例如，两路家用电路、一路家用电和一路发电机、两路发电机输入电源。
- 两个插口同时使用的情况下，充电功率叠加。
- 连接充电器前，请确保充电器各个端口、输入线束无堵塞、破损、短路等明显缺陷。
- 充电前，请检查待充电池，确保没有变形、破损，端口没有堵塞等明显缺陷。

7. 充电结束

1）在充电完成后，先拔下充电器与电池的连接。

2）再拔掉充电器供电线缆。

8. 充电报警

1）插上电池后，需要观察电池的警告灯（红色）是否点亮。

2）打开 App 检查是否有报警或者异常，如果有异常或者报警，请先拔掉电池，必须在排除异常且红灯熄灭后，方可继续充电。

3）如果电池警告灯亮红色，则表示电池告警，需要立即拔掉电池并检查。

9. 充电器升级

1）确认没有电池插在充电器上。

2）打开蓝牙并连接 App，单击升级。

3）待升级完成后，拔插一次电源线，将充电器重启。

10. 储存和保养

1）充电完成或不使用充电器时，请断开电池与充电器的连接，并断开电源线，将充电线固定至固定卡口，起稳定保护作用（见图 5-5）。

2）可通过提手单独对充电器进行搬运，搬运前将充电线固定。

3）充电器储存请远离阳光直射、雨淋或潮湿环境。

4）充电器储存远离热源、高压、水、可燃性气体、腐蚀剂等危险物品。

图 5-5 充电线固定

5）请定期清洁充电器散热孔，保证充电效果。

11. 使用注意事项

1）充电器属于大电流产品，在通电使用前，必须连接地线，以保证可靠接地。

2）严禁在雷电及雷雨天气中使用本产品。

3）在充电过程中，需要有人员看守。为保证充电安全，请保持电池与电池、电池与充电器之间的距离要大于 30cm。

4）使用本产品时，请远离热源、高压、水、易燃易爆和有腐蚀性的危险品。

5）本产品需放置在水平台面，不能倾斜歪倒，四周务必留有足够的通风距离（建议距离墙壁、热源、窗口式空气入口 50cm 以上），保障产品工作时通风良好。

6）禁止任何非电池插入充电。请勿在充电过程中拔掉电源线。在充电完成后，请及时拔出电池。

7）禁止带电插拔电池，否则会造成充电报故障，充电器黄灯常亮，需等待 10min 左右，充电恢复正常；如果带电插拔，则可通过手动将电池关机。

8）禁止电池在过热状态下进行充电。在电池高温工作结束、电池过热时立即充电，会对电池造成损害，影响其使用寿命，降低电容量。可通过物理降温的办法将电池冷却到正常温度再进行充电，也可利用配套电池降温装置，等待电池降温后再进行充电使用。

充电器使用介绍
及充电管理

离线基站
作业培训

相关知识点 2：离线基站设备

1. 离线作业系统组成（见图 5-6）

（1）基站参数　离线基站（见图 5-7）参数见表 5-2。

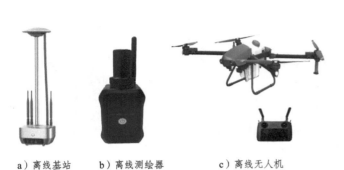

a）离线基站　　b）离线测绘器　　c）离线无人机

图 5-6　离线作业系统

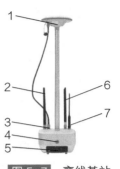

图 5-7　离线基站

1—GPS 天线　2—2.4G 天线　3—GPS 馈线
4—电源开关　5—LED 灯组
6—WiFi 天线　7—4G 天线

表 5-2　离线基站参数

序号	名称	备注
1	GPS 天线	架设基站时，天线不能被遮挡；正上方 120° 倒锥体范围内无障碍
2	2.4G 天线	用于广播差分信号，应尽量架设在高处 无人机作业时，无人机天线与该天线之间应该视距可达 测绘器测绘时，测绘器天线与该天线之间应该视距可达 基站架设后，此天线保持垂直于地面，以覆盖更远的距离
3	GPS 馈线	无松动
4	电源开关	长按电源开关，开启 / 关闭基站电源 短按电源开关，显示基站剩余电量
5	LED 灯组	电量 / 网络 / 蓝牙 / 差分 / 故障
6	WiFi 天线	WiFi 天线 / 蓝牙天线
7	4G 天线	网络信号良好的地区可使用

注意：基站在开阔地带定位时间约为 20min。基站完成定位后，打点或作业过程中，务必不能移动，以免造成无人机定位偏差，造成意外。

（2）测绘器参数　离线测绘器（见图 5-8）参数见表 5-3。

图 5-8　离线测绘器

1—RTK 天线　2、4—LED 灯组
3—电源开关　5—2.4G 天线

表 5-3　离线测绘器参数

序号	名称	备注
1	RTK 天线	测绘时，该天线不能被遮挡
2	LED 灯组	通信、WiFi/ 蓝牙、差分全球定位系统（DGPS）、故障指示灯
3	电源开关	长按电源开关，开启 / 关闭基站电源
4	LED 灯组	长按电源开关至 9 个 LED 灯同时亮起 / 熄灭，开启 / 关闭测绘器电量显示
5	2.4G 天线	用于与无人机通信 作业时此天线负责从基站接收差分信号，此天线与基站之间不应有遮挡 作业时此天线负责转发差分信号至无人机，该天线与无人机之间不应有遮挡 测绘或作为中继器时，此天线尽量保持垂直于地面

注意：

- 作业时地面站与测绘器之间通过 WiFi 连接，有效距离为 10~15m。
- 使用测绘器时，测绘器需要用手机蓝牙进行连接。测绘器可以提高地块测绘精度，每个地块的边界点需手机单击确认添加。

（3）离线无人机（见图 5-9）

图 5-9　离线无人机

2. 离线作业软件中的关键图标（见图 5-10）

a）基站　　　　　　　　　　b）测绘器　　　　　　　　　　c）无人机

图 5-10　软件中设备图标

1）图 5-10a 所示的符号代表基站，开头的字母是：EAVBAS×××……

2）图 5-10b 所示的符号代表测绘器，开头的字母是：EAVSUT×××……

3）图 5-10c 所示的符号代表无人机，开头的字母是：EAVCHM×××……

4）图 5-11 所示为测绘器或基站发出的热点。组网时需要连接 UNICOM_AP 这个热点。

UNICOM_AP
已保存 (不可上网)　　　　　　　　　　　　　　　　

图 5-11　软件热点

3. 离线测绘模式

（1）场景一　此模式的特点是测绘器作为中继器，测绘器产生热点与地面站连接，地面站与测绘器距离小于 10m，如图 5-12 所示。场景一离线测绘步骤如图 5-13 所示。

移动基站　　　　　　　　　　　　测绘器（路由器）
　　　　　　　　　　　　　　　　　　地面站

2.4G 视距可见≤1km

图 5-12　离线测绘场景一

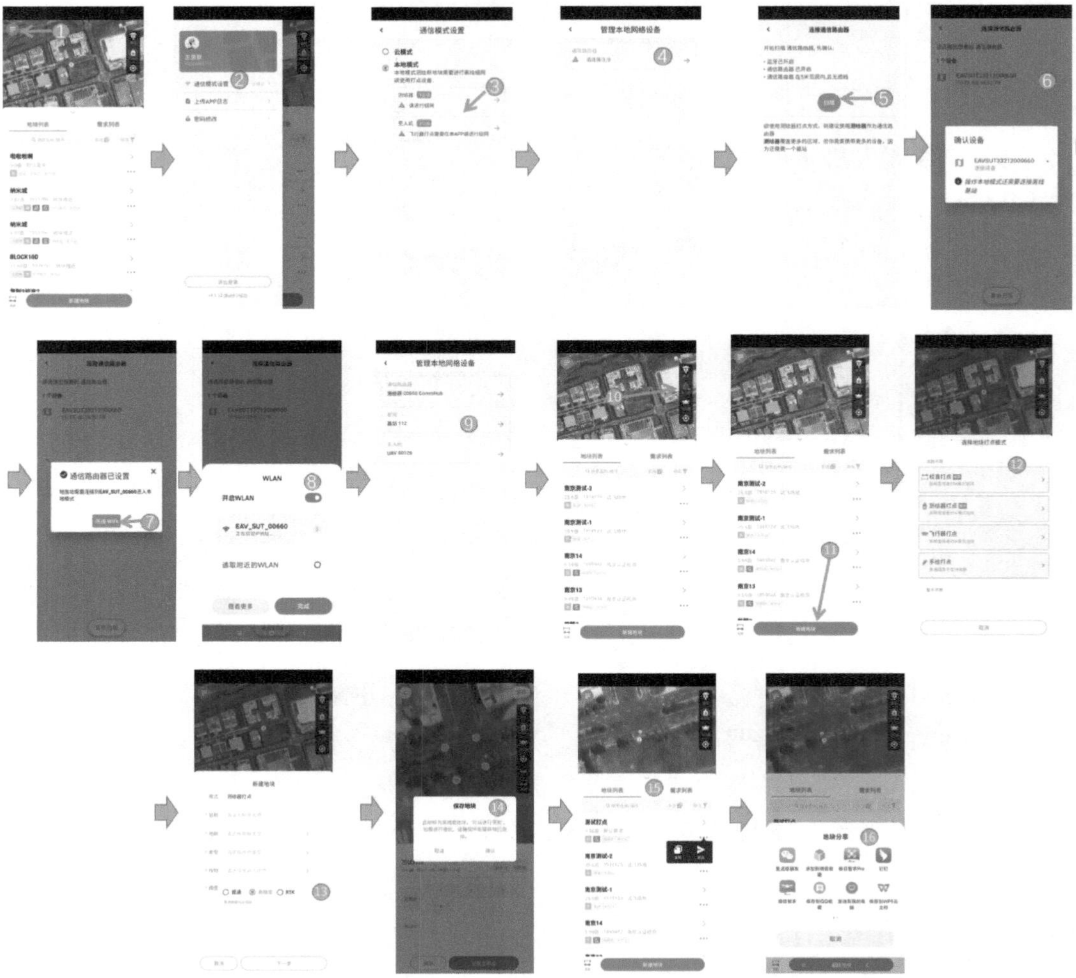

图 5-13　场景一离线测绘步骤

1）单击左上角，进入离线模式。

2）单击选择【通信模式设置】。

3）单击"本地模式"，选择测绘器，进行组网。

4）单击"组网"，进行下一阶段。

5）单击"扫描"，开始搜索设备。

6）确定测绘器型号，选择所需测绘器。

7）设置好路由器后连接 WiFi，进入 WiFi 选择界面。

8）记住测绘器型号，选择同一名称 WiFi 进行连接。

9）连接后重复步骤第 3）~8）步骤，连接基站。

10）连接测绘器，进行打点。

11）单击【新建地块】。

12）单击"测绘器打点"。

13）补全地块信息。

14）保存地块。

15）单击【地块列表】"测试打点"右侧按钮，单击"发送"。

16）选择 App，系统自动将测绘地块发送给 App。

如果测绘器和基站已经设置过离线模块型号，则再次使用时将会自动连接。

注意：此测绘完成后，应及时关闭测绘 App，否则接下来组网将无法成功。

（2）场景二　无测绘器作为中继，如图 5-14 所示。此模式的特点是基站作为中继器，基站产生热点与地面站连接，作业时地面站需要在基站附近小于 10m 处。场景二离线测绘步骤如图 5-15 所示。

图 5-14　离线测绘场景二

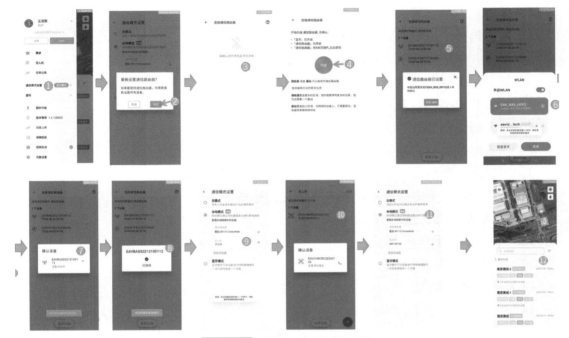

图 5-15   场景二离线测绘步骤

1）将基站和测绘器开机后放在一起，打开 App 单击左上角下拉菜单进入离线模式，再单击"通信模式设置"。

2）单击"本地模式"，进入【连接通信路由器】页面准备连接蓝牙。若已经连接过基站，则需在【重新设置通信路由器】页面单击确定。

3）开启手机蓝牙。

4）单击扫描，系统将自动扫描所需设备。

5）选择自己的基站进行通信路由器设置，并单击"连接 WiFi"，等待自动跳转。

6）选择与自己基站相同名称的 WiFi。

7）等待设备连接。

8）出现"已连接"字样，代表连接成功。

9）在本地模式中，单击"无人机"，进入【无人机】配对页面。

10）等待无人机连接到设备。

11）无人机连接成功后，"请连接"变为无人机编码，代表连接成功。

12）返回至 App 主页面。

（3）场景三   此模式的特点是测绘器做中继器，测绘器产生热点与地面站连接，作业时地面站需要在测绘器附近小于 10m 处，如图 5-16 所示。场景三离线测绘步骤如图 5-17 所示。

测绘器（路由器）　地面站　遥控器

图 5-16　离线测绘场景三

图 5-17　场景三离线测绘步骤

1）将基站和测绘器开机后放在一起，打开 App 单击左上角下拉菜单进入离线模式，再单击"通信模式设置"。

2）单击"本地模式"，进入【连接通信路由器】页面准备连接蓝牙。若已经连接过基站，则需在【重新设置通信路由器】页面单击确定。

3）开启手机蓝牙。

4）单击"扫描"，系统将自动扫描所需设备。

5）选择测绘器进行连接，并单击"设置基站"。

6）WiFi 设置。

7）选择对应测绘器名称，连接 WiFi。

8）选择自己的测绘器名称进行连接。

9）连接测绘器后开始连接基站。

10）单击"连接 WiFi"。

11）选择与自己基站相同名称的 WiFi。

12）等待设备连接。

13）出现"已连接"字样，代表连接成功。

14）在本地模式中，单击"无人机"，进入【无人机】配对页面。

15）等待无人机连接到设备。

16）无人机连接成功后，"请连接"变为无人机编码，代表连接成功。

17）返回至 App 主页面。

4. 缓存离线地图

缓存离线地图功能是指可以在网络良好的地方，将需要作业的无网络地区的地图缓存在地面站上（缓存速度比较慢，需耐心等待）。这样在无网络的地方，就可以调入已缓存的地图作为定位参考。

缓存的地图精度为普通精度，手绘时需注意留足安全距离。图 5-18 所示为离线地图缓存步骤。

图 5-18　离线地图缓存步骤

1）将基站和测绘器开机后放在一起，打开 App 单击左上角下拉菜单进入离线模式，再单击"离线模式设置"。

2）打开云模式，并确定数据传输已经打开，数据信号良好，打开后单击左上角返回到主页面。

3）选择地块所在处"快捷需求"。

4）打开需求，能看到地块后自动保存。保存后可返回到通信模式设置，进行离线设置（推荐场景三进行设置）。

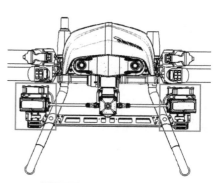

相关知识点 3：夜航灯设备

1. 夜航灯部件组成

无人机夜航灯（见图 5-19）部件组成见表 5-4。

图 5-19　无人机夜航灯

表 5-4　无人机夜航灯部件组成

序号	名称	图片	功能
1	主航灯组件		夜间为无人机提供高亮度光照，增加无人机夜间能见度范围，为避障感知系统提供图像光源
2	副航灯组件		与主航灯功能相同，提供高亮光照，扩大能见度范围，为避障传感系统提供光照
3	脚架抱紧钣金 a		固定横梁、脚架、夜航灯
4	脚架抱紧钣金 b		固定横梁、脚架、夜航灯
5	铝方管横梁		主副航灯对称支撑，固定连接抱紧钣金
6	铝方管支撑		固定连接抱紧钣金件

（续）

序号	名称	图片	功能
7	夜航灯转接线	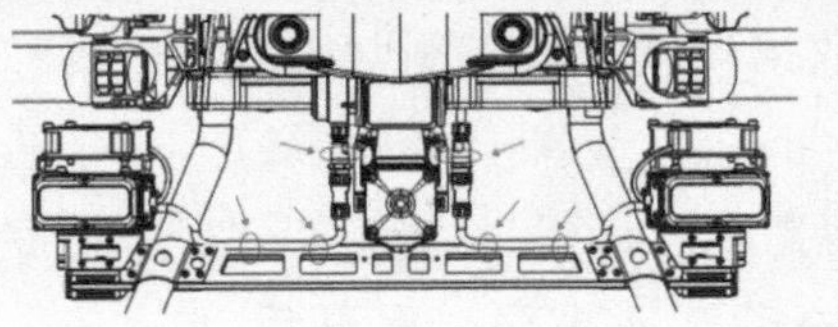 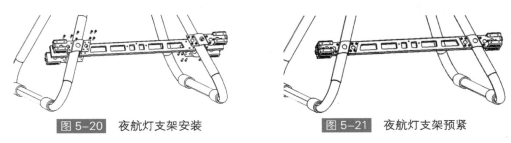	电源与控制信号连接

2. 夜航灯安装

（1）支架安装　将铝方管横梁和支撑放在脚架抱紧钣金 a 和 b 中间，两边分别用 8 颗 M3×16 螺钉预紧，如图 5-20 所示。

1）先锁左边部分，螺钉不锁紧，锁至钣金件可在脚架管上活动。

2）再将右边部分钣金件与横梁的螺钉孔对齐，将螺钉穿进去。

3）螺钉都找好位置之后，将左右两侧大概微调至同一高度，然后把这 16 颗螺钉预紧，紧至各个接触面贴合，不锁死，且支架不会相对脚架管移动（见图 5-21）。

图 5-20　夜航灯支架安装

图 5-21　夜航灯支架预紧

（2）夜航灯组件安装

1）将主夜航灯组件卡进支架的左半部分，前后分别用 4 颗 M3×6 的螺钉直接锁紧，如图 5-22 所示。

2）将副航灯组件卡进支架的右半部分，前后分别用 4 颗 M3×6 的螺钉直接锁紧。

注意：航灯灯珠朝向与机头方向一致，且航灯连接线一律面向飞机中心，切勿装反。

3）待主、副夜航灯安装完成后，将前两步预紧的 16 颗 M3×16 螺钉锁紧（见图 5-23）。

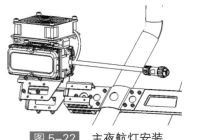

图 5-22　主夜航灯安装

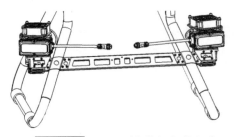

图 5-23　主、副夜航灯安装完成

4）连接航灯控制线。

① 按照图 5-24 所示位置对接航灯转接线插头。

② 用扎带将线束固定在铝方管横梁上，如图 5-25 所示固定扎带位置。

图 5-24　航灯接线插口

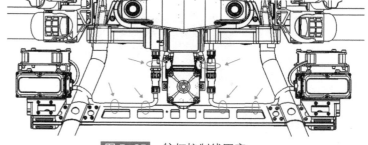

图 5-25　航灯控制线固定

③ 将插接器对应连接（左边插接器为 7 孔，右边为 4 孔），连接后旋紧螺母（见图 5-26）。

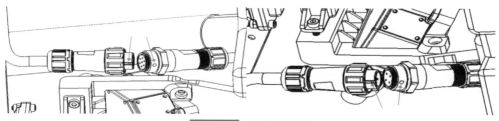

图 5-26　插接器连接

注意：

- 夜航灯转接线的安装方向和图 5-24 所示一致，否则容易造成主、副航灯装反。
- 连线具有防呆装置，切勿过度用力，否则容易导致接头损坏。
- 夜航灯转接线连接完成后请用扎带等工具固定，确保使用安全。

（3）使用步骤

1）打开无人机操控软件 App，单击所选需求。

2）进入地块规划页面，单击"参数设置"。

3）在夜航模式下，选择"夜航灯模式"（见图 5-27）。

4）夜航灯模块下，按需求选择"开""关""自动"。

5）设置好其他作业参数，确认无人机状态良好，无异常报错，能够正常起飞。

（4）安全注意事项

1）使用时请务必小心，谨防机械结构伤手。

2）使用高亮度 LED 夜航灯时，请勿直视灯光，避免对眼睛造成伤害。

3）夜航灯使用后会产生高温，请待其冷却后再触摸。

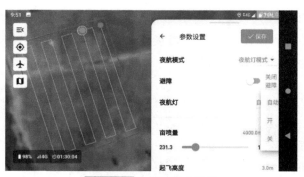

图 5-27 夜航模式设置

（5）日常维护

1）夜航灯插接器部分应始终保持干燥，请置于干燥通风处保存。

2）夜航灯属于易损器件，勿摔、勿挤压。

3）请注意保持风扇处以及夜航灯表面洁净，以利于散热。

任 务 核 验

思考题

1. 简述植保无人机智能充电器使用过程。

2. 简述离线基站的使用方式。

3. 简述夜航灯的安装操作流程。

实训任务 植保无人机辅助设备使用实训

 技能目标

1. 掌握植保无人机充电设备操作使用。

2. 掌握发电机设备使用说明。

3. 掌握植保无人机离线基站设备的使用操作。

4. 掌握植保无人机夜航灯设备的装卸与使用。

任务描述

植保无人机在作业过程中，辅助设备的使用也同样频繁。掌握充电设备的正确使用方法，不但保障了电池的有效使用，还延长了电池的使用寿命，提高电池的利用率。发电机设备在植保作业过程中，应用也非常普遍，掌握发电机的使用注意事项与技巧，正确操作发电机也是植保作业者的职业技能之一。掌握离线基站的操作，是为了应对恶劣无网络信号作业环境或国外作业环境，在此种情况下，通过离线基站的应用，可实现无差别操控植保无人机进行作业。夜航灯模式打破了植保无人机夜间无法作业的障碍。学习并熟练操作辅助设备，通过训练掌握设备操作技巧，为植保无人机作业保驾护航。

任务实施

1. 任务准备

准备培训所用植保无人机、遥控器、电池、充电器、发电机、离线基站、夜航灯、工具包等物品。

2. 任务操作

（1）充电器的使用　要能够辨别充电器指示灯，判断充电器状态。将充电器与电池连接后开始充电时绿灯闪烁，绿灯常亮则充满。具体操作流程如下：

1）使用前检查。进行外观检查，确认无明显变形破损后，可选择是否进行充电器App 检查。App 检查可通过软件直观了解充电器运行情况，也可不进行 App 检查直接进行下一步。

2）连接地线。使用接地线将充电器的外壳接地，将接地接口的螺钉拧下后固定接地线。

3）接电源线。充电器连接市电或发电机电源（电源接口不同，可同时使用）。

4）连接电池。充电线连接头插入电池开始充电（充电器也可多个电池同时充电）。

5）充电完成。拔出充电器连接电池的插头，关闭或移除充电器电源。

充电器使用注意事项参见项目 5 中学习任务的相关内容。

（2）发电机的使用　发电机是通过燃油燃烧进行发电的机器。当作业场地无法提供有效电源时，需通过连接发电器对植保无人机电池进行充电，如图 5-28 所示。

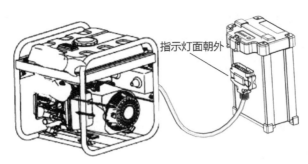

图 5-28 发电机充电

1）连接充电器。

2）起动发电机。

① 将燃油开关旋转到"开"为止。

② 长按电源开关 3s 以上，在 LED 灯快闪期间，短按电源开关 0.1~1s，即可开启电池；此时观察到发电机显示面板开启。充电控制器显示面板上的蓝牙指示灯绿灯闪烁，电池指示灯黄灯闪烁，故障指示灯不亮，则表示充电控制器开启正常。

发电机点火操作　　发电机结束充电

③ 按下发电机起动开关 1~2s，并预热 1min 左右。发电机正常开启可进行持续充电。

3）发电机控制面板（见图 5-29）说明如下：

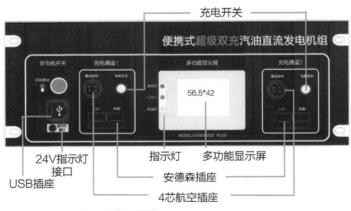

图 5-29 发电机控制面板

① 电池充电指示灯。绿灯，表示发电机运行正常；红灯，表示发电机运行异常，显示屏显示故障原因；黄灯，黄灯闪烁或常亮时，需熄火并添加机油。

② 充电开关。发电机起动后，需要按充电开关，才能向电池充电；中途停止充电或紧急停止充电都可以通过按充电开关 1~2s 执行。

③ 4 芯航空插座。主要用于电池与控制器之间的通信连接，确保控制器随时捕捉电池内的相关信息，如温度，电压，容量等；注意插孔方向。

④ 多功能显示屏。主要显示充电电压、电流、充电进度、发电机转速等信息。

⑤ USB 插座。分 5V/1A 和 5V/2.1A 两个插口，可用于通信设备充电。

⑥ 安德森插座。50A 系列，安装时，注意正极与负极，并确保完全插紧（用手确认）。

⑦ 24V 指示灯接口。主要用于外接蜂鸣器（选配，在电池充满电或发生故障时发出警示），最大电流 1A。

注意事项：在充电过程中，如果发现外部供电电源中断供电（例如发电机熄火或停电），请及时关机并拔掉充电器上的电池；如果遇火警，需正确使用干粉灭火器；在特定条件下，汽油极易燃易爆；务必在通风良好处加汽油，加油前请关闭发电机，并冷却；在加油时，请远离火源；加油时如果有溢油，立即将溢出的汽油擦拭干净；严禁室内和封闭环境使用；请勿在具有爆炸危险的环境中使用；请勿将发电机与其他电力系统连接，否则可能造成人员在接触到电线时导致触电，损坏发电机或损坏家用电器。

（3）离线基站的使用　在项目 5 的学习任务中介绍了离线基站与离线测绘器（见图 5-6），离线基站是在特殊无网络信号环境中作业使用，作为与无人机连接的信号基站。离线设备使用场景有以下三种：

1）测绘器作为中继站。离线基站作为信号接发基站，测绘器为通信中继（见图 5-12），与遥控器或操控手机距离不能超出 10m。操作步骤遵从项目 5 的学习任务中离线测绘场景一的介绍。

2）无测绘器，基站作为中继站。离线基站充当热点源与充当通信中继站（见图 5-14）。作业时地面站设备需要在基站附近小于 10m 处。操作步骤遵从项目 5 的学习任务中离线测绘场景二的介绍。

3）测绘器为中继站并产生热点。测绘器作为中继器，测绘器产生热点与地面站连接，作业时地面站需要在测绘器附近小于 10m 处。操作步骤遵从项目 5 的学习任务中离线测绘场景三的介绍。

（4）夜航灯设备的操作使用　夜航灯是针对植保无人机夜间飞行作业所生产的一款设备。夜航灯的操作，主要是夜航灯的安装连接与夜航模式的选择。

1）安装夜航灯。

① 安装支架。先锁左右钣金件，螺钉不拧紧，对好位置调整好高度后，拧紧螺钉。

② 安装航灯。先固定左右主副航灯，然后连接控制线，并用扎带固定线路。

2）操作步骤。

① 打开植保无人机操控软件 App，单击所选需求。

② 进入地块规划界面，单击参数设置。

③ 在夜航模式下，选择夜航灯模块。

④ 夜航灯模块下，按需求选择"开""关"或"自动"。

⑤ 设置好其他作业参数，确认植保无人机状态良好，无异常报错，正常起飞。

夜航灯使用注意事项参见项目 5 中学习任务的相关内容。

■ 任 务 核 验 ■

一、思考题

1. 简述充电器使用过程中可能出现的错误操作。

2. 简述植保无人机发电机的充电方式有哪几种。

3. 简述植保无人机夜航灯组装操作流程中可能出现的问题。

二、练习

通过实训任务准备相关内容，完成工作页手册项目 5 中的实训任务。

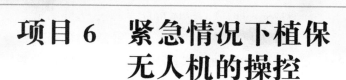

项目6　紧急情况下植保无人机的操控

学习任务　紧急情况下植保无人机的操控概述

🎯 知识目标

1. 掌握植保无人机常见事故的处理方法。
2. 了解应急处理方法和正确操作流程。
3. 掌握无人机特殊情况的处置方法。
4. 掌握危及人员安全的事故处理方法。

📝 任务描述

本部分内容主要介绍植保无人机在作业过程中遇到的一些常见事故与正确处理方法。学习掌握操作无人机的应急处理方法，可以避免因事故操作不当而造成无人机的损伤与经济损失。同时，明确事故处理办法也可以保障人员的自身安全。

💗 任务学习

相关知识点1：植保无人机事故处理方法

1. 无人机常见事故处理

（1）无人机突然失控（见图6-1）处理方法　保持冷静，迅速切到手动模式，切断无人机与GPS的联系。如果是GPS模块出现问题，则此时可取得无人机的控

图6-1　无人机失控"炸机"

制权。同时，要加大油门，拉高飞机，在空中纠正飞机的姿态，然后寻找合适的降落点，慢慢降低高度，直到安全着陆。

（2）GPS无法定位处理方法　切到手动模式，手动操控返航降落。将无人机断电，等待5min后重新通电观察是否恢复正常。造成这一现象的原因可能是GPS天线有遮挡或被附近强电磁场干扰，可以远离干扰源，将无人机放置到空旷区域，看是否恢复正常。

（3）自主作业无人机偏离航线处理方法　切到手动模式，手动操控返航降落。观察风向及风力，因为大风也会造成此类故障，应选择风小时起飞作业。检查所选择的任务地块是否错误，导致无人机执行其他地块任务从而偏离航线。

（4）遥控器信号、数据链路丢失处理方法　保持冷静，查看遥控器天线摆放是否正确，天线应垂直于遥控器屏幕向上摆放。观察无人机与遥控器之间是否有遮挡、无人机与遥控器之间的距离是否超出最大传输距离。抬高遥控器离地高度，使其接近无人机所在位置，待信号恢复后继续操控无人机。

（5）植保无人机机身硬件出现异常处理方法　如果无人机机身硬件出现异常，比如电动机突然停止工作，则应慢慢降落并切到手动模式；手动操控降落到周边空旷的地方，如果不能控制，那就遵循"宁可'炸机'，不可伤人"的原则紧急迫降。

2. 无人机其他情况的紧急处置

（1）无人机落水（见图6-2）处理方法

1）无人机加锁，确保电动机停转。

2）使用机械打捞落水的无人机。

3）及时拔掉电池，使无人机断电。

4）建议送到授权售后服务点进行全面检修。如果判断问题不严重则可自行检修，注意不要在电控等模块未干燥处理的情况下再次通电。

图6-2　无人机落水

5）尤其注意彻底清理电动机、电调、桨叶、各种插口接头内外的淤泥，避免淤泥、杂质导致接触不良。

（2）无人机挂电线（见图6-3）处理方法

1）无人机加锁，确保电动机停转。

2）无论是高压电线还是普通电线，都应迅速联系当地供电部门（可通过114查询供电局、供电公司联系方式），由电力专业人员进行处理。请勿带电自行处理，避免人员伤亡。

3）在等待处理时以及处理过程中，疏散围观群众，尤其不得在电线下方进行围观，防止二次事故。

图6-3　无人机挂电线

（3）无人机挂树上（见图 6-4）处理方法

1）无人机加锁，确保电动机停转。

2）根据无人机挂树高度和位置，判断是否能自行处理。无人机自身具有一定重量，尤其在装载了药液或播撒料的情况下可能重量较大，请量力而行。

图 6-4　无人机挂树上

3）如果不能自行处理，则迅速报警请求帮助。需要注意的是，人员不要站在无人机下方，避免无人机坠落砸伤。

（4）无人机坠机（见图 6-5）处理方法

1）确认是否造成人身伤害，如有，则以救人为第一原则。

2）确认是否造成第三方损失，如有，则迅速联系相关人员或者单位。

图 6-5　无人机坠机

（5）无人机燃烧（见图 6-6）处理方法

1）如果有可能，则及时拔掉电池，断开电源。为避免烫伤，建议佩戴阻燃手套。

2）迅速移走无人机周边易燃易爆物品，如电池、充电器、汽油等。

3）使用沙土进行灭火。

相关知识点 2：应急处理原则与流程

1. 应急处理通用原则

图 6-6　无人机燃烧

1）在遇到落水、挂电线、坠地、燃烧、无人机飞行中失踪等事故时，都需要第一时间对无人机进行加锁操作。首先确保无人机桨叶停转，然后断开动力电源（无人机电池），再关闭备用电源。这样操作可以防止损失及危害进一步扩大。

2）进行拍照报险等其他挽回损失的处理，并且在维修处理后必须严格进行飞行测试，飞行测试通过后方可继续作业。

2. 重大事故处理

植保无人机在作业时发生重大事故，操作人员应采取以下措施：

1）立即停止作业，保护现场。

2）造成人员伤害的，及时采取措施，抢救受伤人员，并向事故发生地农业机械化主管部门报告。

3）造成人员死亡的，还应向事故发生地公安机关等报案。

3. 人员中暑处理方法（见图 6-7）

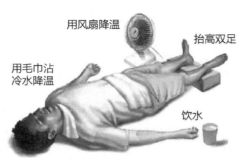

用风扇降温

抬高双足

用毛巾沾
冷水降温

饮水

中暑急救知识

图 6-7　人员中暑处理方法

1）迅速把患者抬到凉爽、通风、阴凉的环境，并且使患者平卧，解开衣物散热。如果衣服已经被汗水湿透，则需及时更换衣服。

2）需要给患者降温时，可以用温水擦拭患者的全身，并且在头部、腋下放置于冰袋，帮助降温，也可以使用风扇等加速散热；如果患者意识清醒，则鼓励患者多喝水。

3）如果患者已经昏迷或者血压下降、呼吸不畅，则需及时呼叫急救车送往医院。

4. 农药中毒处理方法

1）施药人员出现头疼、头昏、恶心、呕吐等农药中毒症状时，应立即离开施药现场，脱掉污染衣裤，及时带上农药标签到医院治疗。

2）拨打当地疾病预防控制中心或中毒急救中心电话。

任 务 核 验

思考题

1. 简述植保无人机自身突发故障问题的处理过程。

2. 简述植保无人机落水、着火等情况的处理方法。

3. 简述人员中暑的急救处理方法。

实训任务　紧急情况下植保无人机应急操作实训

 技能目标

1. 掌握植保无人机应急返航操作。
2. 掌握植保无人机紧急迫降技术。
3. 掌握植保无人机"炸机"后的紧急处理。

 任务描述

植保无人机在作业过程中，不可避免会发生一些紧急事故情况。学习针对一些特殊情况的处理，掌握植保无人机的应急操控，保障人身安全与财产安全。学会应用紧急迫降技术，尽可能在发生事故时保障周围人员安全，同时完成植保无人机的降落，减少财产损失。

任务实施

1. 任务准备

准备训练所用的植保无人机、遥控器、电池、迫降点靶标、工具箱、易损件等。

2. 植保无人机应急返航、迫降操作训练

（1）意外事故出现的部分原因

1）未认真阅读植保无人机使用说明或未参加飞行培训。

2）未做好飞行前准备工作。

3）飞行时注意力分散。

4）作业环境受到磁场干扰。

5）操作过失而产生的失误。

6）植保无人机因长期使用，元器件老化产生故障等。

（2）手动操作的紧急返航与迫降　植保无人机元器件发生故障时，可能会出现失控或信号断连等情况，正确的操作是保持冷静，迅速控制遥控器切换到手动模式（见图 6-8），同时加大油门，拉高无人机，在空中纠正无人机的姿态。观察无人机飞行状态，如果飞行平稳则可手动操作返航降落，寻找故障原因；如果无人机控制状态不佳，寻找附近合适的降落点，进行紧急迫降。

模拟事故发生现场故障，教练员进行故障报错，如飞行中的无人机发生失控、GPS信号中断、GPS无定位、自主飞行无人机偏离航线、遥控器无信号、无飞行参数数据信号等问题。针对不同问题的处理办法，配合无人机紧急返航与迫降操作训练，锻炼学员应急处理能力。

图 6-8 遥控器手动飞行切换键

飞行训练主要以手动控制遥控器的操作杆将植保无人机制动、悬停、返航以及降落。

1）制动就是在无人机正常飞行时，比如向前飞，那么可以将遥控器右手摇杆向后拉，此时无人机就会执行制动动作。

2）无人机成功制动后，松开遥控器的摇杆使其自动归中回位，此时无人机会进行空中悬停。

3）如果需要植保无人机返航，首先确认此时无人机所处的高度是否安全，到返航降落点之间有无障碍物，确认安全后可以通过右手摇杆控制无人机飞回到降落点上空进行悬停。

4）降落就是逐渐降低无人机的高度直至脚架平稳接触地面的过程，通过缓慢下拉遥控器左手油门摇杆使无人机保持低速，缓慢下降高度，在脚架接触到地面那一刻再将油门摇杆下拉到最低点，等待无人机电动机上锁桨叶停转，完成降落。

图 6-9 地面站操控按键

（3）地面站软件操控返航与降落　植保无人机在执行自主作业任务时，可以通过地面站软件中飞行控制页面最下方的"悬停""返航""迫降"按钮来执行相应的动作。发生紧急情况时，若地面站能正常操控无人机，则可单击按钮，完成相应动作，如图6-9所示。

在无人机自主飞行过程中，进行中断飞行操作。通过地面站软件，操纵无人机完成悬停、返航、迫降等动作。注意无人机迫降点的选择，如果训练场地平整度不高，训练时不要飞行较远距离迫降，否则远距离不易观察地面地形，易造成无人机侧翻或其他损伤。

3. 植保无人机"炸机"后的紧急处理

植保无人机"炸机"情形包括：落水、坠毁、挂电线上、挂树上、坠毁燃烧等。

（1）处理原则　第一要保障人员安全；第二不给第三方造成损失；第三尽可能减少无人机经济损失。

（2）处理方法　无人机发生"炸机"，先给无人机加锁，使其电动机停转；对于落水或挂在障碍物上的无人机，电动机上锁后及时将其取回，再关闭电源，取下电池；如果发生无人机燃烧着火，尽可能取下电池关闭电源，以沙土进行灭火。对事故现场进行拍照，方便之后的保险申报。回收、保存事故无人机并确认机架号。

（3）"炸机"处理流程

1）第一时间赶到坠毁现场观察情况。

2）观察是否造成他人的经济损失或是否有人员受伤。如果发生人员受伤与造成经济损失，不可逃避，应承担起相应责任，道歉并补偿他人经济损失。植保无人机已有第三方责任险，出现他人财产损失或人身伤害，可以进行理赔。

3）对事故现场拍照，收拾好所有飞行器残骸并离场。

4）将"炸机"照片与飞行数据提交给无人机厂商，报修、报废或走保险返厂处理等。

任 务 核 验

一、思考题

1.简述植保无人机紧急迫降操作方法。

2.简述植保无人机应急返航操作方法。

3.简述植保无人机"炸机"处理流程。

二、练习

通过实训任务准备相关内容，完成工作页手册项目 6 中的实训任务。

项目 7 植保无人机的维护保养与储存

学习任务 植保无人机的维护保养与储存概述

 ### 知识目标

1. 掌握植保无人机作业后整机保养与储存。
2. 掌握无人机动力系统的维护保养。
3. 掌握无人机喷洒系统的维护保养。
4. 掌握充电发电设备的维护保养。
5. 掌握遥控器及其他作业设备的维护保养与储存。

 ### 任务描述

本部分内容主要介绍植保无人机在作业后各组成系统与部件需要进行的维护与保养。无人机在植保作业过程中，动力系统与喷洒系统作为主要运行系统，良好的维护与保养，能增加设备系统的使用寿命，延缓损伤，同时还能提升植保无人机的工作稳定性，提高无人机作业的安全性。充电发电设备在植保作业中的使用也比较频繁。掌握充电发电设备的保养维护，在设备储存期间保障设备使用功能。学习了解植保无人机相关设备的维护保养方法，养成良好的使用习惯，从而在操作植保无人机过程中具备更多优势与保障。

任务学习

相关知识点1：植保无人机整机保养与储存

1. 周期性维护保养

（1）机体清洁

1）周期：作业期间必须每天清洁，非作业期间可每月清洁一次。

2）内容：机身主体（见图 7-1）的清洁工作，包括螺旋桨、机臂、头壳、脚架的清洁工作。清洁过程中注意观察螺旋桨和机臂的完整度，是否有膨胀、开裂等情况，机身的固定螺钉是否有松脱等现象。定时检查动力系统部件的工作是否正常，在查出相关隐患后必须及时清除。将清水倒入药液箱，开启水系冲洗整个喷洒系统，并重复 2~3 次。

图 7-1　植保无人机机身主体

（2）喷洒系统清洁、检查

1）周期。作业期间，每天要检查确认，非作业期间可每月检查确认。

2）内容。检查水泵、喷头是否堵塞，管路是否畅通。

（3）电池检查

1）周期。作业期间，每天要检查确认，非作业期间可每月检查确认。

2）内容。检查电池、插头是否破损，电池是否有膨胀，电压是否正常。

（4）遥控器清洁检查

1）周期。作业期间，每天要检查确认，非作业期间可每月检查确认。

2）内容。注意防潮、防尘、防暴晒，有条件的可以用风枪吹干净；检查各个操纵杆、按键是否正常工作。

（5）存放点检查

1）周期。作业期间，每天要检查确认，非作业期间可每月检查确认。

2）内容。机身存放点需注意防火、防潮、防尘、防暴晒，远离可能导致线路漏电的场所。电池和遥控器建议存放在单独的箱子里，箱子的存放点也需注意防火、防潮、防暴晒，远离可能导致线路漏电的场所。

（6）线路检查

1）周期。作业期间建议每天检查。

2）内容。检查线路是否破损、受药水腐蚀状况。

植保无人机属于精密器械，任何部件的微小变动都会影响其飞行状态和使用寿命。因此，不仅在其使用、转运和存放的过程中要小心谨慎，对其日常的保养工作也要非常重视。植保无人机保养工作的好坏在很大程度上决定了其使用的寿命。

2. 常规维护保养

植保无人机及相关附属产品通常在环境复杂的田间地头作业，灰尘、药液、露水、杂物等外在的因素会给产品性能带来影响，需要及时清洗维护并保养设备，包括清洗擦拭、加润滑油、检查校准、更换易损件等，保证设备工作时处于最佳状态，延长产品的使用寿命。

（1）植保无人机机身的保养　多旋翼无人机机身（见图7-2）采用强度高，重量轻、耐腐蚀的碳纤维和铝合金等材料，由于飞防作业喷洒的药液和田间的灰尘会吸附在机身上，作业后需要及时用抹布擦拭机身上的药液，避免长期积累发出刺鼻的农药味，危害人员的身体健康。

图7-2　多旋翼无人机机身

（2）与药液直接接触的喷洒系统的保养　喷洒系统包括药箱、管路、水泵、喷头、流量计等。农药属于化学制剂，对金属、塑料有一定的腐蚀性，作业结束后应及时用清水或肥皂水冲洗喷洒系统中残留的药液直到清水流出，在清水中用软毛刷刷洗喷嘴。若作业时喷洒的是有吸附性的除草剂、生长调节剂，作业结束后要用含有洗衣粉的温水浸泡和反复清洗，定期检查、更换喷嘴和流量计。

（3）植保无人机动力系统的保养　动力系统主要包括锂电池、插头、电动机等组件，智能电池在充放电、存放过程中的使用方法不对，会对其寿命产生影响。锂电池亏电储存对其寿命有显著不利影响，长时间储存的电量应保持在50%~60%，每隔三个月充放电一次。

3. 快速保养流程

（1）清洗外观　无人机的植保作业环境复杂，设备外表面会粘附大量的药液和灰尘，必须及时清洗以避免组件被腐蚀而影响正常工作。

（2）结构检查　植保无人机机体振动较为强烈时，应检查螺栓、卡扣、铆钉等连接部位，如果有磨损、损坏、松动、滑丝、生锈等情况，则应及时更换或者涂油。

（3）易损件更换　由于农药有不同程度的腐蚀性，要及时检查和更换与农药接触的部分（管道、转接头、喷头、流量计、液位计等）。

（4）养护存放　植保无人机及其附属产品中有些电子元器件需要放在干燥通风的地方，锂电池要保持60%的电量储存，每三个月要充放电激活电池。

（5）飞行平台机体部分保养

1）每次使用完毕后请用清水将无人机上的桨叶、电动机、机架、脚架清洗一下（切记勿将水洒到飞控、插头及其他电子元器件上）。

2）搬抬植保无人机时，应抬大臂而非小臂，否则将有可能损害机身。

3）套筒旋紧适度即可，不可过紧，否则将有可能造成套筒破裂或难以旋开。

4）使用前检查机架是否变形，螺钉是否有滑丝等状况。

5）使用完毕后将整机放入航空包装箱，放在不易碰撞的地方保管。

6）使用期间每隔一周仔细检查各个部件以及配件是否完好。

7）使用前和使用期间（每隔一周）仔细检查无人机机体是否松动，连接部分是否牢固、螺钉是否紧固，尤其是电动机、电调是否松动，关键部位涂抹螺纹密封胶（见图 7-3）。

8）不建议在雨雪天或者雾气较大的天气使用无人机。

图 7-3　涂抹螺纹密封胶

4. 植保无人机长期储存

（1）植保无人机储存注意事项　应存放在室内通风、干燥与不受阳光直射的地方。由于植保无人机许多部件是用橡胶、碳纤维、尼龙等材质制造的，当这些制品受空气中的氧气和阳光中的紫外线作用时，易老化变质，使管路橡胶件腐蚀后膨胀、裂纹，因此不要将植保无人机放在阴暗潮湿的角落里，也不能露天存放。另外，要确保无人机存放环境无虫害、鼠害，也不能与化肥、农药等腐蚀性强的物品堆放在一起，以免植保无人机被锈蚀损坏。

（2）植保无人机储存前维护保养　植保无人机入库存放前，需进行更全面的深度清洁护理。长时间高强度作业后，药液残留、沾泥积灰于无人机各部位，对植保无人机的零件造成损害。因此，与农药直接接触的喷洒系统是我们重点清洁的部位，具体包括水箱、软管、喷头、过滤网、水泵、喷头杆等。

除喷洒系统外，我们还需要对其他零部件进行拆装清洁，如桨叶、管路固定底座、机壳前罩等附着农药与灰尘的部件。常用的清洁方法是将抹布打湿拧干擦拭，再用干抹布擦干净才能进行存放。需拆开清洗的部分包括：水箱出水口过滤网、流量计（叶轮）、副水箱、液位计、水泵（水泵橡胶底座）、机壳前罩、过滤网挡片、喷头固定杆、喷头（滤网、泄压阀、橡胶垫、喷嘴）、三通、脚架减振器、水箱、桨叶、桨夹（垫片）等。

相关知识点 2：植保无人机动力系统维护与保养

1. 电动机

电动机（见图 7-4）是植保无人机动力系统的核心部件，是将电池电能转化为机械能、为无人机提供升力的核心部件之一。植保无人机的电动

飞行后清洁
维护保养

机工作环境恶劣，疲劳操作、水雾、药液附着是其损坏的首要因素。

电动机的日常维护检查非常重要，要及早发现设备的异常状态，及时进行处理。电动机的维护检查内容见表 7-1。

图 7-4　植保无人机电动机

表 7-1　电动机的维护检查内容

常见故障	故障表现	解决方法
粉尘的堆积	电动机电路接触不良，短路，转轴阻力大	用毛刷和吹风机清除粉尘
进水、进液导致电动机损坏	轴承损坏，电动机旋转有杂音，阻力较大	根据不同的问题决定是维修还是换新
电动机发生过撞击，动平衡破坏	卸掉螺旋桨之后，旋转产生的振动明显大于正常电动机	及时更换相同规格的新电动机
电动机转向错误	无人机起飞就侧翻，或者起飞后在空中高速旋转	当发现电动机转向错误时，调换电动机与电调间的任意两根线即可反向

每天作业完毕后用湿抹布清洁电动机外表，去除农药附着。一般可用流水直接冲洗电动机，清洗后擦拭干净并吹干水分，注意不可用高压水枪冲洗，以免电动机内部损坏。要定时检查电动机动平衡是否良好。

如果无人机在悬停时出现无故侧倾或无法顺利降落，则有可能是电动机出了问题。可先尝试重新校正机身后再起飞，若仍然出现问题，那么一定要及时送厂检修，避免出现电动机停转导致无人机失控甚至坠毁。无人机飞行前要确认电动机与桨叶固定，飞行后及时检查电动机是否脏污。

2. 电调

植保无人机电调（见图 7-5）一般有外壳包裹或在机身内部，日常无法接触。使用时要注意以下几点：

1）在使用全新的无刷电调之前，应仔细检查各个连接是否正确、可靠（此时请勿连接电池）。

2）在使用过程中，电调的状态取决于各部分机组的相互配合。因此，保证植保无人机整体的工作性能也有利于电调的维护。

图 7-5　植保无人机电调

3）将电池组接上无刷电调，无刷电调会开始自检，系统准备就绪后，解锁推动油门起动电动机。如果无任何反应，请检查电池是否完好、电池连线是否可靠。通电后如果电动机无法起动，无任何声音，则可能是因为电源线或信号线接触不良，需要重新插好插头或更换插头；电动机反转可能是因为电调输出线和电动机线连接的线序错误，需要将三根输出线中的任意两根对调。

4）随机性地重新起动和工作状态失常，可能是因为环境中具有极强烈的电磁干扰，电调的正常功能会受到强烈电磁波的干扰。

5）当电调工作温度超过110℃时，电调会降低输出功率进行保护，但不会将输出功率全部关闭，最多降到全功率的40%，以保证无人机的安全。

6）避免上述问题后可以尽可能地增大电调的使用寿命。

3. 电池

植保无人机电池（见图7-6）是其核心动力来源，植保无人机对于电池的性能要求特别高，目前绝大多数植保无人机电池都采用锂电池。由于植保无人机工作的特点，其电池电压下降得非常快，控制不好就容易过放电，轻则损伤电池，重则由于电压太低造成"炸机"。电池过放电，对使用寿命的损害非常大，因此要格外注重对电池的日常保养。

图7-6　植保无人机电池

（1）植保无人机电池保养　定期检查电池主体、把手、线材、电源插头，观察其外观是否受损、变形、腐蚀、变色、破皮以及插头与无人机的接插是否过松。每次作业结束后，需用干布擦拭电池表面及电源插头，确保没有农药残留，以免腐蚀电池。飞行结束后，电池温度较高，需待其温度降至40℃以下再进行充电（充电适宜温度范围为5~40℃）。作业结束后，建议对电池进行慢充。

1）夏季。从户外高温放电后或高温下取回电池时不要立即进行充电，待电池表面温度下降后再对其进行充电，这样可以提高电池的使用寿命。夏季气温比较高，禁止将电池暴晒在阳光下。

2）冬季。在北方或高海拔地区常会有低温天气出现，如果长时间将电池在室外放置，则其放电性能会大大降低，如果还要以常温状态时的飞行时间去作业，那么一定会出问题。此时应将报警电压设置得高一些，因为在低温环境下电池电压下降会非常快，报警一响便立即降落。此外，还要给电池做保温处理，在起飞之前要将电池保存在温暖的环境中，待起飞时快速安装电池并执行飞行任务。在低温飞行时尽量将时间缩短到常温状态的一半，以保证安全飞行。放电后对电池采取有效的保温措施（如使用保温箱保存），以确保电池的温度在5℃以上，低温环境下电池的续航时间会有明显缩短，出现低电量报警后必须立即返回降落。

（2）电池充电保养　部分充电器在充满以后断电不及时，导致电池充满后还没有停止充电。另外，充电器使用较长时间后，因为内部元器件老化，也容易出现电池过充电的问题。而如果锂电池过充电，轻则影响电池寿命，重则直接出现爆炸起火现象。为了防止锂电池过充电，应注意以下几点：

1）使用电池配套的充电器（见图7-7）。植保无人机电池配套的充电器具备充电和保养功能，拥有过电压、过充电、过温、过电流等多重充电保护，操作简单，一体化设计，转场方便。

2）新锂电池组第一次充电前，需检查电池组每个电池单体的电压。

图7-7　电池配套的充电器

3）无人照看时不要充电，充电时一定要按照电池规定的电流进行充电，不可超过规定充电电流。

（3）电池使用注意事项

1）电池不满电保存。用户应在使用无人机前进行充电。若植保无人机充电后未起飞，充满后10天内应将电池放电到存储电压，如果3个月内未使用电池，则应将电池充放电一次后继续保存，这样可延长电池寿命。

2）安全放置电池，轻拿轻放。

3）低温气候下在起飞前要给电池做保温处理，将其保存在温暖的环境中，如房屋内、车内、保温箱内等，可起飞时快速安装电池并进行飞行。

（4）电池的安全运输　电池最怕磕碰和摩擦，运输磕碰可能引起电池短路，导致电池打火或者起火爆炸。长途运输时应把电池放置在专用的电池防爆箱内，如图7-8所示。

植保作业所使用的电池为智能电池，其本身添加了较为坚固的外壳包装。在运输植保无人机电池时，将其放平稳运输，或添加泡沫包装防磕碰，如图7-9所示。

图7-8　电池防爆箱

图7-9　电池泡沫包装

（5）电池鼓包的处理　电池鼓包（见图7-10）的主要原因是使用过程中过充电和过放电导致的。这两个因素会导致电池在使用过程中内部发生近似于短路的剧烈反应，生成大量的热，进而导致电解质分解气化，电芯就鼓起来了。

如果有多块电池都发生鼓包，那应该是使用的充电器的截止电压与电池不匹配，建议更换充电器。电池长时间不使用也会发生鼓包现象，因为空气在一定程度上是导电的，放置时间过长就相当于电池的正负极直接接触，发生了慢性的短路。

图 7-10 电池鼓包

（6）电池短路、起火的应急处置　电池在充电站架上发生短路（见图 7-11）或起火时（见图 7-12），应首先切断设备电源，用石棉手套或火钳摘下充电站架上燃烧的锂电池，置于地面或消防沙桶中，用石棉毯盖住燃烧的锂电池，或用消防沙掩埋。

图 7-11 电池短路

图 7-12 电池起火

切忌用干粉扑灭，扑灭固体金属化学反应导致的火灾时需要大量粉尘覆盖，但干粉对设备有腐蚀作用，且会污染空间。二氧化碳不污染空间也不腐蚀机器，但只能达到对火苗瞬间抑制的作用，需要沙石、石棉毯配合使用。

发现锂电池燃烧的第一时间应尽快扑救，同时用通信工具通知其他人员增援，最大限度减少财产损失和人员伤害。

（7）插头的清洁　插头是无人机与电池进行连接的必备配件，其工作频率非常高，且对于整个植保无人机系统非常重要。

电池插孔与无人机插头（见图 7-13）连接时会产生打火现象，造成插头的铜金属氧化，金属部分发黑，从而导致插头发热量增加，造成飞行隐患。如果发现插头上有黑点异物，则可用干毛巾或用棉签蘸少许酒精轻轻擦拭，去除黑点异物。

如果无人机一端的插头经过长久使用已经发黑，那么必须使用干燥的细毛刷将插头上的黑色污点清理干净。

图 7-13 电池插孔与无人机插头

插头连接插孔时，必须完整插入，否则将会使插头发热，影响飞行安全。如果插孔出现了黑色固体氧化附着物，则需要使用绝缘材质的刀片轻轻刮拭，直到该异物脱落。

长期不良习惯的插拔有可能造成插头变形，导致发热量迅速增加，插头熔化。如果出现该状况，则建议立即更换插头。

4. 螺旋桨

螺旋桨是植保无人机消耗最多也是最快的配件，在大部分的飞行意外事故中都有可能导致螺旋桨发生断裂与破损（见图 7-14）。

图 7-14　断折的桨叶与完整的桨叶

螺旋桨在使用了一段时间后，或多或少都会出现一些故障。螺旋桨常见故障及简单的处理方法见表 7-2。

表 7-2　螺旋桨故障及处理方法

问题	表现	处理方法
螺旋桨与机臂属性不一致	无人机未起飞就侧翻或者在空中自旋	每次更换桨叶必须反复检查螺旋桨和机臂的属性，更换桨叶后进行试飞，轻微拨动遥控器摇杆观察无人机桨叶状态，确定无误后再推大油门
螺旋桨桨叶残缺	无人机振动加大，操作迟钝、失灵，影响无人机安全	发现桨叶有裂纹、残缺时，立即成对更换桨叶
螺旋桨桨叶垂直方向（上下方向）晃动	拨动桨叶可轻易发生垂直方向晃动	定期检查桨叶固定螺钉，用高强度的螺纹紧固胶锁紧，定期检查

（1）螺旋桨的拆卸　在拆卸螺旋桨之前要先把无人机的电源切断，保证其不会旋转伤人。植保无人机的螺旋桨大多都是可折叠的桨叶，由于每一个电动机上由两片桨叶组合在一起，因此不管损坏了几片都要一对整体更换。螺旋桨基本都是由内六角螺钉固定的，要选用尺寸合适的内六角螺丝刀，逆时针旋转把螺旋桨的固定螺钉拆卸下来。拆卸下来的螺钉要保存好，是需要重复使用的。

（2）螺旋桨的安装　选用与拆下来的螺旋桨相同规格的桨叶，检查要更换的新桨叶是否完整无缺，将每一片桨叶的螺孔对准电动机上桨夹的螺孔，对正螺孔以后将打好螺纹紧固胶的螺钉垂直插入，再用尺寸合适的内六角螺丝刀顺时针旋转紧固螺钉。正桨叶与反桨叶不要装反，否则会导致无人机无法起飞，容易损坏。正桨叶逆时针旋转，反桨叶顺时针旋转，同时抵消因旋转产生的转矩。还有一种是共轴反转，正桨叶和反桨叶安装于同一根轴上，按照相反的方向旋转，抵消转矩。螺旋桨更换完成后，再检查一遍螺钉是否拧紧、正反桨叶是否正确，用手小幅度来回晃动螺旋桨，查看其固定是否牢靠，待全部检查完毕后即可通电。用遥控器解锁后给少量油门，查看螺旋桨工作是否正常，待螺旋桨旋转一会儿后，停止旋转并锁定电动机，检查电动机是否异常发热。如果螺旋桨工作正常，且无其他故障特征，则可进行正常飞行。

相关知识点 3：植保无人机喷洒系统维护与保养

植保无人机喷洒系统包含了药液箱、流量计、水泵、导管、喷头等部件。喷洒系统是接触药液时间最久的模块，在维护与保养中必须得到及时妥善的处理。下面依次对其包含的部件进行介绍。

1. 药液箱

药液箱（见图 7-15a）是喷洒系统中装载农药药液的部件，首先需要保持其泄气阀清洁畅通，同时药液箱接口需要保持清洁，保证药管弹性正常。药液的添加与输出都要通过滤网（见图 7-15b、图 7-15c），因此要保持滤网清洁不阻塞以保证喷洒效率。

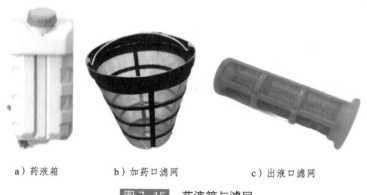

a）药液箱　　　　　b）加药口滤网　　　　　c）出液口滤网

图 7-15　药液箱与滤网

1）每次作业完毕应向药液箱内灌入清水并开启水泵，冲洗整个喷洒系统。

2）一定要注意避免在药液箱内混合不能混用的药剂。

2. 流量计

现在多数植保无人机都使用超声波流量计，要注意清洁流量计与药液箱、水泵连接口的药液。

3. 水泵

水泵（见图 7-16）里如果进入金属异物以及胶皮、棉纱、塑料布之类的柔性物质，则会破坏其过流部件及堵塞叶轮流道，使水泵不能正常工作。需要经常检查水泵进、出水管路系统（管件、阀门）的支撑机构是否有松动，接口处是否有渗漏。水泵长时间不用时，应拆开做防锈处理，重新安装好后妥善保存，以备下次使用。

冲洗水泵中药液的方法是喷洒系统加清水多次运行冲洗。必须保证管路高度密封，检查水泵及管路的连接处是否有松动。尽量控制水泵的流量和扬程在注明的范围内，以保证其在最高效率点运转，从而获得最大的节能效果。如果水泵长期停用，则需将内部水分全部处理干净，可用吹风机、干抹布等工具擦拭干净，放在通风干燥处，防止锈蚀。如果水泵的表面受损脱漆，则应及时清除锈迹、涂抹防锈漆加以保护。

4. 橡胶管

橡胶管（见图 7-17）是由天然橡胶和其他合成橡胶按照一定比例制成的，长期使用后会氧化腐蚀和被药液腐蚀，橡胶管接头制品中含有挥发物质，无论是在潮湿环境中，还是在干燥环境中，都会缩减它的使用寿命。

图 7-16　水泵　　　　图 7-17　橡胶管

使用或保存橡胶管接头，应尽量避免高温、油及酸碱环境，严禁暴晒、雨淋，风蚀。橡胶管接头表面严禁刷漆和缠绕保温材料。橡胶制品存在老化问题，应及时检查更换。

5. 喷头（见图 7-18）

（1）避免喷头堵塞方法

1）容易产生沉淀的药剂，会增加喷头被堵塞的概率。提前过滤药液很有必要，可以使用过滤网或者高密度滤网来过滤药液，提高植保无人机的作业质量和效率。过滤网要考虑到空隙适中，使用合适的滤网，最大限度地减少堵塞发生。

2）长时间作业会使滤网外层形成具有黏性的药膜（尤其是粉剂），从而阻挡药液的

图 7-18　喷头

喷洒，因此要周期性清洗。泄压阀部位也会有药剂沉淀，每次作业完都要第一时间反复清洗药液箱，不要影响下次的喷药质量，其次要把药液箱中的沉淀物清洗掉，避免堵塞。

（2）喷头的清洗　喷头出现堵塞一般是长期积累的结果，用户在使用时一定要保持喷头的畅通状态。对正在使用的喷头要定期进行清洗，长时间不使用时可将喷头拆下，清洗晾干后储存。

1）简单清洗。清洗前，在药液箱中加入清水或者肥皂水，运行喷洒系统，通过水泵的压力将清水或者肥皂水从药管中进入喷头，直至喷头内的残留物被冲洗干净。

2）中度清洗。可用软毛刷等蘸取喷头清洗液将喷嘴的残留物清洁掉，用风枪将残留液体吹出，使喷嘴畅通。

3）深度清洗。对喷嘴堵塞严重的喷头必须拆下彻底清洗，可长时间浸泡（溶解喷嘴内凝结的药液），或用超声波清洗机清洗。

相关知识点 4：植保无人机播撒器系统维护与保养

植保无人机在日常播撒作业过程中，为防止物料粘黏，造成腐蚀，导致播撒器故障，建议每次作业后都要对播撒器（见图 7-19）进行清洁保养。当发现播撒器故障时，要进行及时维修。

图 7-19　无人机播撒器

播撒器主要由料箱、搅拌器、缺料传感器、离心甩盘、控制阀门、各线束等部件组成，共同带动播撒器进行播撒作业，任何一个部件出现问题，都会影响到作业效率。

播撒器保养操作步骤如下：

1）甩盘（见图 7-20a）清洁。分离播撒器上的离心播撒盘，清洗干净。检查播撒盘，如果存在明显磨损，则需及时更换。

2）控制阀门组件（见图 7-20b）清洁。使用毛刷清洗阀门内外表面，检查阀门组件工作是否正常、阀门是否有腐蚀损坏。

a）离心甩盘　　　　　b）控制阀门

图 7-20　播撒器部件图

3）锡箔纸（见图 7-21a）、传感器（见图 7-21b）、搅拌器（见图 7-21c）清洁。拆卸下甩盘与控制阀门后，用毛刷刷洗搅拌器，保持清洁；使用干净的湿抹布擦拭缺料传感器和锡箔纸，尤其是料箱内对应位置，检查传感器工作状态是否正常，检查锡箔纸是否损坏。

a）锡箔纸　　b）传感器　　c）搅拌器

图 7-21　播撒器传感搅拌装置

4）导线接口、料箱清洁检查。清理线材上的污渍，检查线材接口有无进水、腐蚀的痕迹；使用拧干的湿布擦拭料箱内部和外部，检查料箱与播撒器之间的连接是否紧固、播撒器与料箱有无破损，并使用干净柔软的干抹布将料箱擦干。播撒器线路连接如图 7-22 所示。

图 7-22　播撒器线路连接

建议每次播撒作业完成后，对播撒器系统进行简单的拆卸与清洁，清理料箱内残留的肥料，可有效防止肥料腐蚀，延长使用寿命。

相关知识点 5：充电与发电设备的维护保养

1. 充电器

（1）充电器的维护与保养

1）断开连接线，有电源开关的需关闭开关，并断开交流电源线。

2）检查接口，进行清洁，若发现接口有明显腐蚀痕迹或变形，请及时更换。

3）检查充电线是否有破损、断线等缺陷，如果有请及时更换。

4）如果有按键的，需检查按键是否正常，如果存在按键无反应或损坏，请及时更换。

5）进行擦拭清洁，尤其是风扇金属盖，如果存在较多灰尘，建议拆卸金属盖或充电器外壳进行擦拭。

6）如果风扇扇叶有灰尘附着，可用软毛刷对扇叶进行清洁。

（2）充电器存储

1）将充电线接口卡入固定位置进行固定。

2）请确保充电器存放在干燥且无阳光直射的地方。

3）建议将充电器装入出厂自带的包装箱，并加入干燥剂进行防潮处理。

2. 便携发电机

便携发电机是植保无人机外出作业必备设备之一，如图 7-23 所示。由于在田地中很难找到充电电源，所以利用便携的燃油发电机为充电器提供电源。燃油的获取比较方便，发电机也能够保证植保无人机的用电需求。

（1）发电机的维护保养

1）机油维护。将机油尺从箱体内旋出，用干净的纸或棉纱将机油尺表面擦拭干净，再将机油尺旋入箱体内，检查箱体内的机油是否在要求的范围内；更换机油时，可以拆卸放油螺栓进行更换，如图 7-24 所示。

图 7-23　便携发电机　　图 7-24　更换机油示意

新发电机使用 1 个月或首次使用工作 25h 后，应更换新机油。以后每 3 个月或工作 50h 后更换一次机油，如果在多尘环境或极热天气下使用，则需缩短机油更换周期。更换机油时要注意避免皮肤长时间或反复接触机油，如果皮肤接触机油，则要用肥皂和水清洗。

2）空气滤清器保养。空气滤清器变脏会影响空气流入化油器，为预防化油器故障，要定期保养空气滤清器。如果在多灰尘的环境中使用，则应更频繁地保养；严禁不装空气滤清器就起动汽油机，否则会导致汽油机快速磨损；拆卸连接螺栓与空气滤清器外罩，取出泡沫滤芯，在加有清洁剂的热水里清洗，也可在不燃或高闪点的溶剂中清洗；然后用清水漂洗，再挤压干净；滴几滴（2~3g）机油，挤压均匀，装好滤芯，并盖好空气滤清器外罩，如图 7-25 所示。

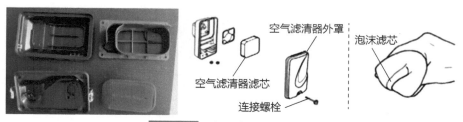

图 7-25　空气滤清器保养示意

（2）发电机储存

1）长时间储存之前，确保储存区域干净，不潮湿。把化油器内汽油放尽，使油箱内油量不超过 50%。

2）待发动机冷却后，将燃油箱的燃油放干净，再清洁燃油过滤网、密封圈。

3）排干燃油。起动并运行发电机，直到燃料不足自动停机。

4）更换机油。取出机油尺，拧下放油螺栓，将机油放干净；然后拧紧放油螺栓，并加注符合牌号要求的新机油到机油尺上限，再装好机油尺。

5）拆下火花塞，将一汤勺干净的机油倒入火花塞孔中，然后将反冲起动器拉几次以润滑油缸。重新安装火花塞，缓慢拉反冲起动器直到感觉到阻力为止。这将使进、排气门都处于关闭状态，使湿气不能进入发动机气缸，然后轻轻松开反冲起动器。

6）确保发动机开关和燃油阀都处于"关闭"位置。

7）使用防尘罩把机器罩住并存放在干净、干燥的地方，避免阳光直射。

相关知识点 6：遥控器及其他设备的维护保养

1. 遥控器维护保养与储存

1）遥控器不使用时，将天线折叠收纳，避免折断。

2）定期擦拭遥控器表面及显示屏，避免灰尘等积累。

3）检查外观、摇杆、按键、接口是否损坏。

4）遥控器电池存放时需保持两格至两格半电量，禁止满电量或低电量存放。

5）将清理后的遥控器放入收纳包，连同植保无人机一同放入包装箱，并做好防潮处理。

2. 配药工具存放

植保作业配药工具如图 7-26 所示，认真清理配药工具，不可用作其他用途。将配药工具存放于儿童不易触碰的位置。

图 7-26 植保作业配药工具

--- 任 务 核 验 ---

思考题

1. 简述植保无人机动力系统维护保养内容。

2. 简述植保无人机喷洒系统维护保养内容。

3. 简述植保无人机充电设备维护保养内容。

实训任务　植保无人机维护保养实训

技能目标

1. 掌握植保无人机维护保养工具的使用。
2. 掌握无人机各部件维护保养的方法。
3. 掌握植保无人机的储存方法。

任务描述

植保无人机使用过程中，需要不断进行作业后或周期性维护，本节主要介绍植保无人机维护工具的使用方式，以及植保无人机各部件维护保养的方法。学习掌握植保无人机长期储存方法，减少长期储存带来的损害。

任务实施

1. 任务准备

准备训练所需待保养的植保无人机、电池、遥控等；使用的保养工具如成套六角螺丝刀、老虎钳、干净抹布、六角套筒等，如图 7-27~图 7-29 所示。

1）内六角螺丝刀一套，适用无人机上各种型号螺钉。

2）扭力扳手。用来拆卸或安装支臂卡扣。

3）美工刀。用来裁剪胶带。

4）绝缘橡胶手套。无人机保养时，防止残留药液对手部造成损伤，保护双手。

5）剪线钳。剪除导线或固定扎带。

6）橡胶锤。检测保养时用于敲击，使相关部件紧固或松脱。

7）抹布。用于清洁无人机机身表面污垢。

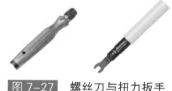

图 7-27　螺丝刀与扭力扳手

图 7-28　十字槽与内六角螺丝刀

图 7-29　美工刀与绝缘橡胶手套

2. 无人机各部件维护保养

（1）整体机身　除置于机身内部的模块外，植保无人机整体机身都需要做周期性清洁保养，如螺旋桨、机臂、头尾壳、脚架、药液箱的清洁工作。清洁过程中注意观察螺旋桨和机臂的完整度，是否有膨胀、开裂等情况，机身的固定螺钉是否有松脱等现象。检查机身整体清洁程度，确保无污渍与药剂侵染无人机。操作方法是用干净的湿抹布将机身污垢都清理干净。

检查各连接线是否出现明显破损与接头连接损伤或有污垢，清理或更换新的连接线，并检测连接线信号或电源传输是否正常。

对整个机身螺钉等紧固件的检查也是重要环节。螺钉在使用的过程中由于经常受到交变载荷，可能会产生松动，另外为了减少受交变载荷螺钉的应力幅，常常需要将螺钉预紧到规定的程度。定期检查，确保所有的螺钉受力比较均匀，并且在螺钉疲劳断裂前更换那些已经发生屈服并伸长或者怀疑有问题的螺钉。

检查必须在植保无人机断电的时候进行，螺钉的检查方法通常有两种：目视法和扭力扳手法，其中目视法最为常用。

1）目视法。判断螺钉和连接件之间的相对位置是否发生变化，一般在生产过程中，螺钉和连接件之间的位置会用记号笔或油漆标记。如果记号位置出现了偏离，这就表明螺钉发生松动。

目视检查螺母和连接件的油漆膜也可以判断螺钉是否松动，如果螺母周围油漆膜出现裂纹，就应该检查螺钉紧固度。

2）扭力扳手法。①检查前，确保植保无人机已断电，将需要检查的螺钉或螺母清洁干净；②使用标定过的扭力扳手对螺钉或螺母施加一个拧紧力矩；③检查螺钉或螺母是否转动，如果转动，则必须重新拧紧或者更换；④所有螺钉或螺母全部确认紧固后，清除所有污物，用记号笔或油漆进行标记。

（2）动力系统　动力系统维护保养对象包括桨叶、电动机、电调、电池。其中桨叶损坏频率最高，检查更换较频繁。电池的使用频率高，保养维护也是重点。

1）桨叶（见图7-30）。日常使用中，作业完成后要对无人机桨叶上下表面的污渍进行清理，收起植保无人机上折叠桨叶并用桨夹进行固定。桨夹不光起到固定桨叶的作用，还起到支撑无人机上桨叶，使长时间存储的无人机桨叶不会由于重力问题发生形变、弯曲的作用。

图7-30　桨叶

检查桨叶时，双手带上手套，发力轻微曲折桨叶，如果发现桨叶上有裂痕，最好更换新桨叶。桨叶叶面上的裂痕与桨叶缺口不同，裂痕是桨叶受力，内部结构被破坏撕裂；缺口可能只是桨叶受磕碰损坏一个小角，结构无损。因此，桨叶裂纹的危险性大于桨叶缺口，当发现这两种情况时，则使用内六角螺丝刀更换桨叶。

2）电动机。电动机的维护保养主要针对问题是电动机长时间工作，伴随着高温与药液附着或粉尘杂质进入。表面的粉尘污渍以及药液附着都可以用抹布、毛刷等清理干净。若电动机进水导电或由于碰撞造成转子变形损坏，建议直接拆卸更换新的电动机。

更换电动机要注意其与电调的连接，如果连接后出现电动机反转现象，则重新调换电动机与电调间的任意两根线即可。

3）电调。电调的维护保养包括对电调的外观、外壳进行保养清洁，条件允许下，可对电调内部电路板进行整修保养。定期测试电调的运行，确保电调对电动机的控制高效准确。电调的瞬时电流有时会很大，易出现烧坏问题，应定期通电测试电调工作稳定性并调节电调控制行程。

4）电池（见图 7-31）。

①电池不过放电。植保无人机电池工作时电压下降得非常快，控制不好就容易过放电，轻则损伤电池，重则电压太低造成"炸机"。植保无人机电池过放电对其使用寿命的损害非常大。

②防止电池过充电。现在植保无人机都是利用智能充电设备充电，较少出现过充电现象。但由于操作失误如充满电后未及时结束充电或使用非匹配充电器，会造成电池过充电，导致电池鼓包、降低电池使用寿命。

图 7-31　植保无人机电池

③正确的保养与使用。定期检查植保无人机电池主体、把手、线材、电源插头，观察电池外观是否受损、变形、腐蚀、变色、破皮以及插头与无人机的接插是否过松。每次作业结束，需用干布擦拭电池表面及电源插头，确保没有农药残留，以免腐蚀电池。飞行结束后电池温度较高，需待温度降至 40℃以下再对其充电（充电最佳温度范围为5~40℃）。作业结束后，建议对电池进行慢充电。冬季电池温度较低，工作前需进行前期预热。利用软件连接充电器观察电池电芯参数是否正常或观察电池指示灯，分析故障。电池故障指示灯闪烁异常说明见表 7-3，可针对相应症状对电池进行维修处理。

表 7-3　电池故障指示灯闪烁异常说明

LED1	LED2	LED3	LED4	LED5（故障灯）	异常说明
灭	灭	快闪	灭	快闪	充电过电流 / 放电过电流
灭	灭	快闪	快闪	快闪	短路保护
快闪	灭	灭	快闪	快闪	充电低温 / 放电低温
快闪	灭	灭	灭	快闪	充电过温 / 放电过温
快闪	快闪	快闪	快闪	灭	电池升级
灭	灭	灭	灭	快闪	充电器不适配 / 充电器异常

（3）喷洒系统维护保养

1）每次作业完成后，都要对喷洒系统进行清洗保养，并检查各部件的连接，清理各部件附着的药液与污渍。检查水泵、喷头是否堵塞，管路是否畅通。

2）定期保养喷洒系统，每 2 个月可对喷洒系统进行一次精心维护保养。针对喷头运行与老化问题，利用工具进行检修与更换磨损零部件。观察导管老化情况决定是否进行更换；测试流量计与水泵运行情况，进行喷洒流量校准。

3. 植保无人机的储存

植保无人机应存放在室内通风、干燥与不受阳光直射的地方。由于植保无人机许多部件是用橡胶、碳纤维、尼龙等材质制造的，这些制品受空气中的氧气和阳光中的紫外线作用，易老化变质，使管路橡胶件腐蚀后膨胀、开裂，因此勿将植保无人机放在阴暗潮湿的角落里，也不能露天存放。

另外，要确保存放环境无虫害、鼠害，也不能与化肥、农药等腐蚀性强的物品堆放在一起，以免植保无人机被锈蚀损坏。

植保无人机电池应储存在干燥、通风、不拥挤的室内，建议环境温度为 10~25℃，电池与电池间有一定间距。勿将电池置于水中或者可能漏水的地方，也禁止将电池放在靠近热源的地方，比如阳光直射或炎热天气的车内、火源或加热炉旁。储存室中应配有消防沙（见图 7-32）、石棉毯、石棉手套（见图 7-32）、火钳、口罩。长期储存的电池要将电压充至保存电压，不可低电压存储（电池指示灯少于一格半），否则长时间存放可能导致电池损坏。电池长期不使用时，请保证 2 个月左右进行一次充放电，以维持电池活性。

图 7-32　消防沙与石棉手套

任 务 核 验

一、思考题

1. 简述对植保无人机整体进行保养维护的方法。

2. 简述喷洒系统的维护保养方法。

3. 简述动力系统的维护保养方法。

二、练习

通过实训任务准备相关内容，完成工作页手册项目 7 中的实训任务。

项目 8　农药安全使用常识及常见病虫害

在我国农林业用药过程中，植保无人机施药方式正在逐步取代传统的人工施药方式。植保无人机因其高效的施药方式、均匀的施药效果，越来越受到广大农户的喜爱。但植保无人机施药方式与传统人工施药方式多有不同，以往的农林植保施药经验并不适用于植保无人机操作方式。无人机施药亩喷量跟人工相比要少，药物浓度与配比也不相同。因此，学习并掌握植保无人机的正确施药方法，对广大植保无人机驾驶员非常重要。

本模块主要内容介绍了农药安全使用常识，常见病虫草害的识别以及如何检测植保无人机喷洒效果。学习并掌握本模块内容，能够在正常的植保作业环境中，轻松识别农药药剂，正确配制药液，完成无人机施药过程。

学习任务 1　农药安全使用常识

 知识目标

1. 认识农药及农药剂型。
2. 掌握安全与科学使用农药的方法。

 任务描述

学习并掌握适合植保无人机作业喷洒的药剂，掌握安全的配药方法，掌握科学的施药方式。

任务学习

相关知识点1：农药的认识

（1）农药　用于预防、控制、灭杀危害农林业的病、虫、草和其他有害生物，有目的地调节植物、昆虫生长的化学合成物或者来源于生物、其他天然物质的制剂。

（2）农药的分类　农药品种很多，按照防治对象可以分成杀虫剂、除草剂、杀菌剂和植物生长调节剂。农药分类如图8-1所示。

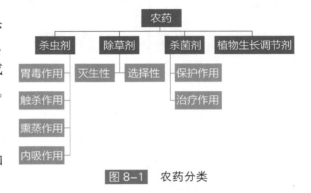

图8-1　农药分类

植物生长调节剂根据作用效果可分为五大类，分别是植物生长促进剂、植物生长抑制剂、植物生长延缓剂、保鲜剂、抗旱剂。

除此之外，还有复配生长调节剂。复配生长调节剂根据用药需求可按要求自行组合，包括生根剂、促进坐果剂、抑制性坐果剂、谷物增产剂，打破休眠促长剂、干燥脱叶剂、催熟着色改善品质剂、疏果或摘果剂、抑芽剂、促长增产剂、抗逆（抗旱、抗低温、抗病等）剂，以及促进花芽发育、开花及改变雌雄比率剂。

（3）农药包装标签的认识　农药包装标签包含农药三证号（农药登记证号、生产批准证号、产品标准号）、作物、防治对象、制剂用药量、使用方法、注意事项、厂家及电话、中毒急救方法、紧急救助电话、毒性标识和颜色条带等信息，如图8-2所示。

图8-2　农药包装标签

（4）农药包装底部颜色条带　红色代表杀虫剂，绿色代表除草剂，黑色代表杀菌剂，黄色代表植物生长调节剂，无颜色的代表肥料，如图8-3所示。

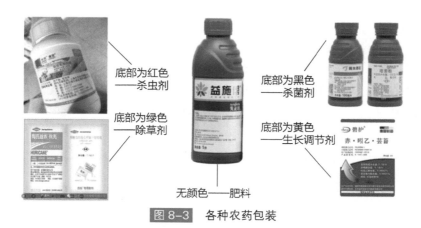

底部为红色
——杀虫剂

底部为绿色
——除草剂

底部为黑色
——杀菌剂

底部为黄色
——生长调节剂

无颜色——肥料

图 8-3　各种农药包装

（5）农药剂型分类与功能

1）粉剂。不需加水，工效高，在高山或水源稀缺的地区使用较好。在叶面上附着性差。可与其他材料如肥料等混合一起施用。

2）可湿性粉剂。药效比同类型农药的粉剂好，便于包装、运输。由于其容易吸湿结块，所以放置的环境需要干燥。

3）乳油。入水后可分散成乳状液的油状液体。

4）悬浮剂。固体原药分散、悬浮在含有多种助剂的水相介质中，形成能流动的高浓度黏稠剂。

5）油悬浮剂。载体油通常作为增效剂使用，使得油悬浮剂具有更好的喷雾持留性、扩散性和叶面吸收性。

6）微囊悬浮—悬浮剂。在农药产品中，有"微囊悬浮剂"，也有"微囊悬浮—悬浮剂"，二者并非同一种剂型。微囊悬浮—悬浮剂一般是复配剂，一种成分微囊化，另一种成分为悬浮剂，二者混合到一起稳定后即成"微囊悬浮—悬浮剂"，而微囊悬浮剂一般指单剂或复配成分全部微囊化后形成的制剂。

7）可分散油悬浮剂。是指用一类经过试验可作为增效助剂且不污染作物的油类作为稀释载体的一种剂型，油类包括植物油（及其衍生物）或矿物油等。

8）超低容量液剂。超低容量液剂同油悬浮剂，但为高含量的农药原药加入少量溶剂组成，有的还加入少量助溶剂、稳定剂等，有效成分浓度可高达 80% 以上。

9）水分散粒剂。又称干流动剂、水悬性颗粒剂，入水后自动崩解，分散成悬浮液。

相关知识点 2：农药的使用

1. 配药前注意事项

（1）器具准备　准备好农药配制所需的专业工具，如清水桶、母液桶、汇总药液桶、搅拌器等。

（2）人员防护　穿戴好防护服、口罩、护目镜、手套等。身着长裤与长袖服装，减少皮肤暴露在外的面积。

（3）操作站位　配药时注意站在上风位。

（4）水质选择　标准的自来水是很好的稀释溶剂。被污染的水源及碱化、酸化、盐化硬度很高的水都会对药效有影响。

农药配制示意如图8-4所示。

2. 植保无人机使用的农药剂型

图8-4　农药配制示意

通过长期的植保无人机作业与进行药剂实验，得到适合喷洒的药剂有：超低容量液剂、水剂、水乳剂、可溶液剂、微乳剂、悬浮剂、可分散油悬浮剂、乳油、水分散粒剂等。

不适用无人机喷洒的药剂有：微胶囊剂、烟剂、颗粒剂、粉剂、气雾剂等。

3. 农药配制方法

（1）二次稀释法（见图8-5）　推荐配药采用二次稀释法，其步骤为：第一步，用少量水或稀释载体稀释混合农药制剂形成母液或母粉；第二步，根据所需农药浓度，将母液或母粉再稀释到所需浓度。

图8-5　农药稀释过程

（2）用药量与用水量计算　例如：已知无人机植保作业时的亩喷量为M（单位为mL）、田块的面积为N（单位为亩），某品种除草农药的亩用量药为Q（单位为mL/亩），若无人机平均以V的速度喷洒作业，问配制混合药液时分别需要多少水（A）和多少农药（B）？

用水量 $A=NM-B$

用药量 $B=NQ$

4. 农药的混配

农药的混合使用，既可以提高防治效果，延缓病虫抗药性的产生，还可以降低施药次数，降低劳动成本。

（1）农药混配原则　混配好药液后应马上使用，并在短时间内喷完，因为有些农药产品悬浮性和分散性不够好，药液容易发生沉淀、分层等现象，使药效逐步降低，严重时会产生药害。

（2）农药混配注意事项　混用的药品之间不产生不良化学反应，不影响药液的物理性状，保证正常药效或增效作用；农药品种混用后不会对作物产生药害；除酸碱性药品外，很多农药品种不能与含金属离子的药物混用；具有交互抗性的农药不宜混用；生物农药不能与杀菌剂混用。

（3）农药药剂混配顺序（见图 8-6）　农药和肥料的混配顺序要准确。叶面肥与农药混配的顺序通常为：微肥、水溶肥、可湿性粉剂、水分散粒剂、悬浮剂、微乳剂、水乳剂、水、乳油依次加入（原则上农药混配不要超过 3 种），每加入一种即充分搅拌混匀，然后再加入下一种。先加水后加药，进行二次稀释。

药液配制场景

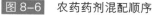

图 8-6　农药药剂混配顺序

相关知识点 3：农药的安全与科学使用

1. 安全使用农药的守则

（1）小心谨慎　使用农药时小心谨慎，远离儿童和周围的人；不进食、不喝水、不抽烟，正确处置农药的运转和使用过程中产生的废弃物；避免高温时间施药，有效避暑且防止药液蒸腾引起的中毒。

（2）正确理解农药标签　农药标签包含产品特性、风险和使用方法等重要的信息；标签包含紧急事故的正确处理方法；要理解标签上象形图的含义。

（3）注意个人卫生　药液溅到眼睛和皮肤时，立即用清水冲洗；喷药作业后应彻底清洗身体与衣物，防护服应同其他衣服分开清洗。

（4）施药器械及时维护　定期保养喷洒设备及其他配药设备；每次喷药后的管路中如果有药液残留可能影响下次作业，并导致出现药害、堵塞、管路腐蚀等情况；作业完成后倒入清水，清洗、校准喷洒系统。

（5）穿戴防护设备　穿戴防护服设备如眼罩、口罩、面罩等；注意防晒；配药时戴手套或面罩；依照标签建议，特殊情况应佩戴帽子、面罩、防护眼镜和防水围裙。

2. 科学使用农药

（1）选择恰当时间用药　选择合适时间进行施药，例如：一些食叶性的害虫，可以在其密度明显上升但尚未造成危害之前开始施药，可取得比较明显的杀虫效果。

（2）针对防治对象用药　根据不同的防治作物对象与植物问题特点来选择具体的防治所需用药。例如：菊酯类的农药能防治很多害虫，但对螨类害虫的防治效果不明显。

（3）掌握农药使用方法和用量　根据病虫害发生规律选用适当方法，如撒毒土、拌种、喷雾等，采用正确的方法可以充分发挥农药的防治效果，而且能避免或减少杀伤有益生物。

（4）合理使用复配或混用药剂　正确合理复配和混合使用农药，可以提高防治效果，扩大防治范围，但是错误的混用可能导致农药相互反应，药效降低。

（5）定期更换药剂　同一个地方长期连续使用单一品种的农药，当地有害生物很容易产生抗药性，需要定期更换农药。

任务核验

思考题

1. 简单列举农药的应用种类。

2. 简单列举农药剂型的种类。

3. 简述"二次稀释法"的具体操作步骤。

学习任务 2　常见病虫草害的识别

 知识目标

1. 认识了解常见病虫草害的病症。
2. 掌握病虫草害的相关防治方法。
3. 掌握病虫草害的综合防治方法。

任务描述

认识农作物常见病虫草害，根据其不同特点选择用药的药品种类并制订防治方法。通过对本部分知识内容的学习，掌握病虫草害的综合防治方法。

任务学习

相关知识点 1：农作物常见病害

农作物常见病害可分为侵染性病害和非侵染性病害，如图 8-7 所示。侵染性病害是由病原生物侵染而引起的病害，特点是具有传染性；非侵染性病害是由各种不良环境条件引起的病害，特点是不具有传染性。

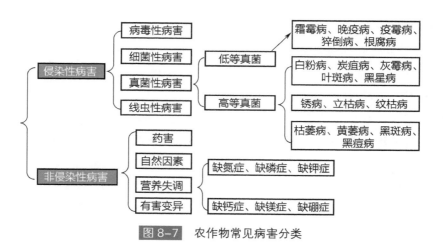

图 8-7　农作物常见病害分类

1. 侵染性病害

侵染性病害是由真菌、细菌、病毒、线虫或寄生性植物等病原生物因素引起。其特征是：田间有发病中心和扩展趋势，除病毒性病害外一般有明显的病症，具有明显的传染性，具有病原及病变组织。

病害主要病症包括变色、落叶、坏死、畸形、萎蔫。

2. 非侵染性病害

非侵染性病害是由不良环境条件引起的，如温度、光照不适，水分或营养失调，土壤或空气中的有毒有害物质等，都会使植物表现出病态。其特征是：较大面积的均匀发生，没有发病中心，通常为全株性症状，无病原组织。

这类病害主要包括日灼病、缺镁症、缺锰症、缺锌症、缺铁症、缺钙症、缺钾症、缺铜症、缺硼症等，如图 8-8、图 8-9 所示。

预防主要包括两方面：一是通过抗性锻炼和抗性育种来提高作物的抗逆性；二是通过改善环境条件来维持生态平衡，促进生态的良性循环。

图 8-8　自然日灼病害

图 8-9　番茄缺钙症状

3. 水稻、小麦、玉米的常见病害

（1）水稻常见病害

1）稻瘟病：发生在穗颈（见图 8-10）、穗轴、枝梗上，病斑不规则，为褐色或灰黑色。穗颈受害早的形成白穗，颈易折断；受害迟的谷粒不充实，粒重降低。

防治方法为：发生穗颈瘟时，在破口初期每亩可用 75% 三环唑可湿性粉剂 30g 或 40% 稻瘟酰胺悬浮剂 50mL 或 9% 吡唑醚菌酯微囊悬浮剂（稻清）60mL，加水 45kg 进行喷雾防治。

2）纹枯病（见图 8-11）：危害叶鞘、茎秆，其次是叶片。病斑为椭圆形，中央为灰白色，边缘为暗褐色，许多病斑连在一起形成云纹状。湿度大时在病部长出白色或灰白色菌丝体，呈蜘蛛网状，最后形成暗褐色的菌核。

防治方法为：每亩用 250g/L 嘧菌酯悬浮剂 50~70mL/亩，或 20% 井冈霉素可溶粉剂 35~50g/亩，或 75% 肟菌·戊唑醇水分散粒剂 10~15g/亩，或 30% 苯甲·丙环唑悬浮剂 15~20mL/亩进行喷雾防治。

图 8-10　水稻穗颈瘟

图 8-11　水稻纹枯病

（2）小麦常见病害——赤霉病　赤霉病在小麦生长的各个阶段都能发生，苗期侵染引起苗腐，中、后期侵染引起秆腐和穗腐，尤以穗腐危害性最大。一般扬花期侵染，灌浆期显症，成熟期成灾。

防治方法为：每亩用 25% 氰烯菌酯悬浮剂 100mL，或 48% 氰烯·戊唑醇悬浮剂 60mL，或 30% 丙硫菌唑可分散油悬浮剂 40~45mL 进行喷雾防治。

（3）玉米常见病害——大斑病（见图 8-12） 叶片先出现水渍状青灰色斑点，然后沿叶脉向两端扩展，形成边缘为暗褐色、中央为浅褐色或青灰色的大斑。后期病斑常纵裂，严重时病斑融合，叶片变黄枯死。潮湿时病斑上有大量灰黑色霉层。下部叶片先发病。

图 8-12 玉米大斑病

防治方法为：每亩用 45% 代森铵水剂 78~100mL，或 25% 吡唑醚菌酯悬浮剂 40~50mL，或 75% 肟菌戊唑醇水分散粒剂 15~20g 进行喷雾防治。

相关知识点 2：农作物常见虫害

1. 虫害的分类

鳞翅目——棉铃虫、螟虫、黏虫、桃小食心虫……
同翅目——棉蚜、黄粉蚜、瘤蚜、叶蝉……
鞘翅目——金龟子、甲虫、象鼻虫、瓢虫……
直翅目——蝗虫（见图 8-13）、蝼蛄……
缨翅目——蓟马……
蜱螨目——红蜘蛛（见图 8-14）……
膜翅目——赤眼蜂、蚂蚁……
双翅目——果实蝇、斑潜蝇……

图 8-13 直翅目的蝗虫

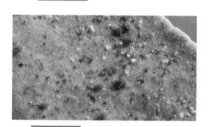

图 8-14 蜱螨目的红蜘蛛

2. 常见的杀虫剂剂型

有机磷类杀虫剂、拟除虫菊酯类杀虫剂、氨基甲酸酯类杀虫剂、沙蚕毒素类杀虫剂、有机氯类杀虫剂、苯甲酰脲类杀虫剂、双酰胺类杀虫剂、熏蒸杀虫剂、其他化学合成杀虫剂、微生物杀虫剂等。

3. 水稻、小麦、玉米的虫害

（1）水稻虫害——水稻螟虫 是一类钻蛀性害虫的统称，主要包括鳞翅目螟蛾科的二化螟、三化螟、鳞翅目夜蛾科的大螟等。

防治方法为：每亩可用 20% 二嗪磷超低容量液剂 200~250mL，或 10% 甲维·茚虫威可分散油悬浮剂 10~12mL，或 20% 阿维·甲虫肼悬浮剂 30mL 等，加水 45kg 进行喷雾防治。此外，还可选用多杀·甲维盐、阿维·毒死蜱等药剂。

（2）小麦虫害——麦蚜 主要有麦长管蚜、麦二叉蚜、禾缢管蚜、麦无网长管蚜。

防治方法为：可选用马拉硫磷、啶虫脒、氯氰菊酯等药剂进行防治。也可利用含有噻虫嗪、吡虫啉、呋虫胺等成分的种子处理剂对小麦种子进行药剂处理。

（3）玉米虫害——玉米螟　该虫体背为黄褐色，腹末较瘦尖，触角为丝状、灰褐色，前翅为黄褐色，有两条褐色波状横纹，两纹之间有两条黄褐色短纹，后翅为灰褐色；老熟幼虫，体长 25mm 左右，圆筒形，头为黑褐色，背部颜色有浅褐、深褐、灰黄等多种。

防治方法为：每亩可用 30% 乙酰甲胺磷乳油 120~240mL，或 200 亿孢子 / 克球孢白僵菌可分散油悬浮剂 40~50mL，或 16000 国际单位 /mg 苏云金杆菌可湿性粉剂 250~300g 进行防治。

相关知识点 3：农作物常见草害

1. 农田杂草分类

农田杂草是农业生态系统中的一个组成部分，其生长迅速，不但与农作物争夺养分和水分，而且还是多种病虫害的中间寄主，如果防除不及时就会蔓延，影响农作物的生长。根据其形态特征的不同，可将农田杂草分为三大类，即禾本科杂草、莎草科杂草和阔叶杂草。

图 8-15　禾本科的牛筋草

（1）禾本科杂草　常见的有稗草、千金子、看麦娘、马唐、狗尾草等，如图 8-15 所示。

（2）莎草科杂草　常见的有三棱草、香附子、水莎草、异型莎草等，如图 8-16 所示。

（3）阔叶杂草　常见的有反枝苋、刺儿菜、苍耳、鲤肠、荠菜等，如图 8-17 所示。

图 8-16　莎草科的香附子

2. 农田杂草的防治

除草剂可按作用方式、施药部位、化合物来源等多方面进行分类，在农田中常用的除草剂如下：

（1）丁草胺　防除水稻田中的一年生禾本科杂草及某些阔叶杂草，对小麦、大麦、甜菜、棉花、花生和白菜作物也有选择性。

图 8-17　阔叶的反枝苋

（2）乙草胺　用于旱田作物芽前防除一年生禾本科杂草及某些双子叶杂草、大豆菟丝子。

（3）丙草胺　对稗草、水苋菜、鲤肠、鸭舌草、牛毛草、千金子、节节菜、异型莎草、萤蔺等，具有较好的防治效果。

（4）苯达松　对苍耳、反枝苋、凹头苋、刺苋、荠菜、苘麻、芸薹属等多种阔叶杂草进行防治。

（5）二甲四氯钠　用于水稻、麦类、玉米等禾本科作物田防除鸭舌草、水苋菜、野慈姑、刺儿菜等阔叶杂草和异形莎草等莎草科杂草。

相关知识点 4：综合防治方法

1. 预防为主

预防为主是指充分利用自然界抑制病虫草的因素和创造不利于病虫草危害发生的条件，"综合防治"协调利用各种必要的防治措施。

2. 农业防治

农业防治是指运用各种农业调控措施，降低病原物数量，提高植物抗病性，创造有利于植物生长发育而不利于病虫害发生的环境条件。

3. 物理防治

物理防治主要是利用温度、射线等物理因素，抑制、钝化或杀死病原物，达到控制植物病害的目的。

4. 生物防治

生物防治是利用其他对植物无害的有益生物影响或抑制病原物的生存和活动，从而降低病虫害的发生。

5. 化学防治

化学防治是指利用化学药剂杀死或抑制病原微生物的方法。

任 务 核 验

思考题

1. 简单列举农作物的病害分类。

2. 简单列举三大类农田杂草。

3. 简述玉米、水稻、小麦的病虫害。

实训任务　药物辨识与药剂配制实训

 ## 技能目标

1. 掌握农药识别的技巧。
2. 掌握基础的农药配制方法。
3. 掌握农药配制工具的使用方法。

 ## 任务描述

　　本实训任务带领大家学习辨别农药的作用，通过药物外部包装，正确解读药物信息。掌握农药配制工具的使用方法，按照要求配制适当浓度的农药药液。掌握配制农药的科学方法——"二次稀释法"。

 ## 任务实施

1. 任务准备

　　准备培训所需的不同种类农药（除虫剂、除草剂、杀菌剂），为防止教学意外可选用无害化肥等替代品、配药桶、母液桶、搅拌器、量杯、砝码称、定量勺、手套、口罩、防护服等。农药最好包含粉剂与液体药剂。

2. 任务实施

　　（1）药品识别训练　根据学习任务中介绍，对学员进行分组，并布置不同的农药配制任务。将配制所需农药取出，并按照要求计算农药取用量与药液配置量。
　　（2）计算药液或药粉用量与用水量　农药配制记录见表8-1。

表 8-1　农药配制记录

小组名：　　　　　　成员：

作业任务：已知植保无人机作业时的亩喷量为 N（单位 mL），地块作业面积为 M（单位亩），某品种除虫农药的亩用量药为 A（单位 mL/亩），若无人机平均以 V 的速度飞洒作业，需配制混合药液，请分别计算用水量（L）和用药量（mg）

用药量	
用水量	
配药所需设备	
药液配制成效	
导师评分	

（3）农药配制　学员带好防护口罩、手套等，利用所选工具设备对农药进行配制。学习使用并掌握"二次稀释法"。先在母液桶中加入适量清水，再用量杯或定量勺取定量农药，加入并搅拌获得母液。将母液加入配药桶，加入定量清水，搅拌均匀。

（4）评分与清理工具　请导师对整个配药过程进行评分，结束后清洗整理工具。

====== 任 务 核 验 ======

一、思考题

1. 简单列举选药配药中碰到的问题。

2. 简述称量工具的使用方法与过程。

二、练习

通过实训任务准备相关内容，完成工作页手册项目 8 中的实训任务。

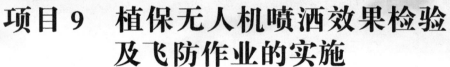

项目 9　植保无人机喷洒效果检验及飞防作业的实施

学习任务 1　植保无人机喷洒效果检验

 知识目标

1. 认识效果检测箱物品。
2. 掌握检测箱使用方法。
3. 掌握无人机喷洒效果检验方法与流程。

任务描述

　　学习植保无人机喷洒效果的检验流程，以及配套检测箱工具的使用。通过学习本部分内容，掌握验证植保无人机喷洒效果的方式方法，并能够操作检测箱，完成喷洒效果的检测与分析。

 任务学习

相关知识点1：认识检测箱

　　喷洒效果检测箱是用于在不同场景、环境，识别、检测植保无人机作业喷洒效果，通过将喷洒后药液的附着情况显示出来，让农户能够直接肉眼观测结果。检测箱内有多套方式将喷洒效果进行展示，也配有数据采集设备，如图 9-1 所示。

　　检测箱主要物品介绍（见图 9-2）：

图 9-1　检测箱

（1）外箱　黑色带卡扣箱体。

（2）书写板　用于书写记录和收集检测结果测试样纸。

（3）蓝纸　底色衬托，展示喷洒效果。

（4）溶解性总固体（TDS）检测笔　检测喷洒水质。

（5）定量勺　定量取用荧光剂与胭脂红粉剂。

（6）胭脂红　无害颜色粉剂染料，用于勾兑红色喷洒药剂。

（7）荧光剂（CBS）　荧光剂用于展示夜间喷洒效果。

（8）变色硅胶　用于干燥、保存采集的纸样与叶片样品。

（9）量杯　用于配制颜料母液。

（10）紫外灯　与荧光剂配合，夜间照射荧光剂附着作物，对荧光剂进行显影。

（11）铜版纸与水敏纸　喷洒效果测试用样纸，与颜色药液或水接触显示附着效果。

（12）手套、口罩、自封袋、搅拌勺等配套杂物。

图 9-2　检测箱内部展示

相关知识点 2：检测箱使用流程

1. 检测箱展示喷洒效果的方式

检测箱用来展示喷洒效果的方式有胭脂红混配药液喷洒展示、荧光剂混配药液喷洒夜间展示、水敏纸变色喷洒效果展示三种。

检测箱使用
流程

（1）胭脂红混配药液喷洒展示（见图 9-3）

（2）荧光剂混配药液喷洒夜间展示（见图 9-4）

（3）水敏纸变色喷洒效果展示（见图 9-5）

图 9-3　胭脂红喷洒效果

图 9-4　荧光剂喷洒效果（一）

图 9-5　荧光剂喷洒效果（二）

2. 检测流程

1）提前在作业地块中不同位置的作物上粘贴铜版纸或水敏纸。

2）配制胭脂红染色药液或添加荧光剂药液。

3）植保无人机作业飞行喷洒。

4）收集并记录纸样或样品叶片。

5）观察喷洒效果，分析样品数据。

3. 注意事项

1）水敏纸对水汽较敏感，早晚有露水或潮湿地区不可使用。

2）荧光剂混合药液后，配合紫外灯夜间效果展示更好，强光下不易观察。

3）选择样品或粘贴样纸时，多处多点位选择。如果样品是树作物，则应选择果树内、外膛枝叶，叶片正反面，果树冠部、中部、根部位置做采样点。

4）采集样品时，要佩戴防护用具，防止作物表面药液与皮肤接触。

4. 药液染色剂与荧光剂母液配制

1）在量杯中加入适量的水，如图 9-6 所示。

2）用定量勺（见图 9-7）按药液比重取合适的胭脂红粉剂（5g/L）或荧光剂（1g/L），加入量杯混合，用搅拌勺搅拌均匀。

图 9-6　加水量杯　　　　　　　　图 9-7　定量勺

3）将混配好的测试剂加入药箱中，与待喷洒药液混合搅拌均匀。

注意：配制效果测试剂时，请佩戴手套、口罩，尽量在室内无风环境配制测试剂母液。工具使用结束后要及时清理干净。

任 务 核 验

思考题

1. 简单列举植保无人机喷洒效果检测的三种方式。

2.简述喷洒效果检测流程。

3.简述测试剂母液配制过程与用量。

学习任务 2　植保飞防作业组织与实施

 知识目标

1. 了解飞防作业准备事项。
2. 掌握飞防作业实施内容。
3. 掌握飞防作业结束后处理事项。
4. 掌握飞防作业整体流程与注意事项。

 任务描述

　　本部分内容学习植保无人机作业过程中的准备、实施、结束所需完成的任务内容。掌握飞防作业整体作业流程,学习飞防作业流程注意事项并执行操作,完成任务。

相关知识点 1:植保飞防作业准备

　　植保无人机作业前期准备工作包括:准备设备、组织人员、确定飞防任务与喷洒药物、测绘地块,还需注意作业时间天气情况。

　　(1)准备设备　准备好植保无人机,并进行飞行前期检查。将多组电池充满电,并准备好车载充电设备。准备好运送无人机设备与物品的车辆。

　　(2)组织人员　飞防作业前,联系并准备好作业人员,确定作业人员、时间、地点。

　　(3)确定飞防任务与喷洒药品　明确飞防任务内容,做好预防与安全准备。

　　(4)测绘地块　最好提前勘探或测绘好飞防作业地块,观察地形与障碍物,判断作业难度与飞行风险。提前测绘规避障碍物。

（5）天气情况　提前关注作业时间天气状况，规避恶劣大风、雨雪等不利作业天气。

相关知识点 2：植保飞防作业实施

植保无人机作业实施，无人机飞手根据作业分组带齐设备去往作业地块。规划植保无人机航线并设置参数后即可自主飞行作业，对于田块较小、地形复杂的情况，也可进行手动飞行作业。作业期间，驾驶员时刻关注无人机电量、药量变化，适时更换电池与添加药液。作业过程中，注意飞行作业安全以及人员安全。植保飞防作业场景如图 9-8 所示。

作业流程如下：

（1）作业前检查设备　到达田块后，展开无人机，检查相关设备。

（2）配制药液　按照前期植保方案对药剂进行药液配制。

（3）测绘地块与编辑航线　测绘地块可提前进行，也可到达地块后进行。圈定作业地块后，对地块作业航线及参数进行编辑设定。

（4）自主飞行作业　植保无人机进行自主飞行作业，完成地块作业任务。认真观测无人机状态，保证作业质量与效果。

图 9-8　飞防作业场景

相关知识点 3：植保飞防作业结束后任务

植保飞防作业结束后任务如下：

（1）保养清洗无人机设备　清洗无人机上的污垢，清洗药箱及喷洒系统。

（2）检查无人机系统　通过软件检查无人机各系统运行情况。

（3）检查各项物资消耗　统计农药使用量与电池损耗情况或燃油使用情况。

（4）记录当天作业数据　作业亩数和飞行架次、当日用药量与总作业亩数是否满足任务要求，在地面站软件上传日志，并为后续作业做好准备。

相关知识点4：植保飞防作业注意事项

植保飞防作业注意事项如下：

（1）飞行高度限制 植保无人机禁止超高空飞行（飞行高度不可超过地面30m）。

（2）飞行距离 植保无人机飞行作业时，驾驶员、辅助人员等现场人员与无人机始终保持15m以上的安全距离或参照厂家使用说明书规定的安全距离。

（3）起飞和降落 驾驶员应选择环境较好的道路起飞和降落。起降地点周围5m范围内应无障碍物。

（4）横风飞行 平坦地带的喷洒飞行应遵从横风喷洒原则。人员应站在上风向处，并且注意下风口是否有人员、作物、财产等易受作业影响的情况。

（5）作业地块规划 作业路径应均匀覆盖作业区域，且注意不对周边环境产生药害。

（6）接近无人机 植保无人机螺旋桨高速旋转，具有一定的破坏力，驾驶员应随时与植保无人机保持安全距离，作业完成后等待螺旋桨完全停转之后方可靠近。

━━━ 任 务 核 验 ━━━

思考题

1.简述植保飞防作业准备事项。

2.简述植保飞防作业实施流程。

3.简述植保飞防作业结束后任务。

4.简述植保飞防作业注意事项。

实训任务　植保无人机喷洒效果检验实训

技能目标

1. 掌握检测箱中工具的使用。
2. 掌握喷洒效果检测纸样的布置点位。
3. 掌握三种不同检验方法的操作。
4. 掌握检测样品的收集与对比分析。

任务描述

本任务是进行无人机效果检验的操作实训。通过科学的检测方式，测试植保无人机喷洒系统的喷洒效果。通过直观的喷洒效果展示，分析植保无人机施药效果，为广大农户选用植保无人机施药带来更多信心。

任务实施

1. 任务准备

准备培训所需的植保无人机作业设备、喷洒效果检测箱、作业场地、不同的作物。

2. 任务开展

（1）检测方位点设定　针对不同作物对药液喷洒效果的要求，设置不同的检测点和方位。低矮作物应在地块边界与中部选点，作物茎叶与根梢都设置检测点，每个类似检测点布置至少 3 个检测纸或取样；中高作物要在作物内外膛、顶冠与根部、枝干与叶片正反面都设置采样点。

（2）选择检验方式　水敏纸不适合早晚水汽较大的环境。荧光剂夜间观测喷洒效果更佳（见图 9-9）。胭脂红使用限制少，适合较多场景环境。

（3）设置采样点　在提前设置并编号的采样点粘贴铜版纸或水敏纸。若选择荧光剂检测，也可不用布置样纸，后期直接采集作物枝叶。

（4）配制喷洒药剂　根据选择的检验方式特点，水敏纸无需配液，胭脂红与荧光剂需配制药液。按

图 9-9　荧光剂夜间效果

照用量配制喷洒液。

（5）喷洒药液　圈地测绘，规划航线，利用植保无人机进行药液喷洒。

（6）收集样本　喷洒作业结束后半小时，进行样本收集。按照编号将收集的样本纸或作物叶片整理在蓝纸上方便观察。

（7）整理收纳植保无人机并返回分析样本数据。

3. 检测注意事项

1）潮湿环境下不可使用水敏纸进行测试。

2）直接作物采样，采集的枝叶样品应用密封袋封装并添加变色硅胶颗粒防潮。

3）荧光剂样品的观测需在较暗环境以紫外灯照射观察。

4）要做到均匀喷洒，重复喷洒与漏喷都会对检验造成较大影响，需要多点位选择。

5）做好个人防护，测试剂无危害性，但需要与喷洒药液进行混合。

6）红色作物直接采样检测，不可使用胭脂红进行检测。

■ 任 务 核 验 ■

一、思考题

1.简单说明玉米作物应该选择哪些位置作为采样点。

2.简述喷洒效果检测实施过程。

二、练习

通过实训任务准备相关内容，完成工作页手册项目 9 中的实训任务。

项目 10　植保无人机的拆装

植保无人机在使用过程中难免会发生损耗、故障或事故，能对植保无人机进行拆换装配，是对其维修的前提。本项目主要介绍植保无人机的维修工具及部件的拆换装配。

学习任务 1　植保无人机维修工具与检测工具的认知

 知识目标

1. 认识并了解维修工具。
2. 学习使用检测工具。

任务描述

能够认识植保无人机常用维修与检测工具，并掌握工具使用技巧，能在实际使用过程中应用。

任务学习

相关知识点 1：维修工具的认知

植保无人机维修工具有很多，根据无人机上各零部件组装结构，配备相应工具。

（1）电动螺丝刀　电动螺丝刀俗称电批，用于无人机组装或拆卸固定用内六角螺钉，根据不同型号螺钉更换电批头，可以在组装与拆卸中节省体力和时间，如图 10-1 所示。

（2）六角电批头　六角电批头匹配无人机上内六角螺钉型号，用于配合电批进行组装、拆卸，一般都是套装，如图 10-2 所示。

（3）套筒　套筒用于机臂卡扣活动轴栓的固定与拆除，六角套筒如图 10-3 所示。

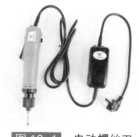

图 10-1　电动螺丝刀　　　　图 10-2　电批头套装　　　　图 10-3　六角套筒

（4）自锁美工刀　自锁美工刀用于裁截胶带或导线外部包裹的网线。

（5）剪线钳　剪线钳用于裁剪导线或导线束线扎带。

（6）手套　手套用于防护手部，在维修过程中保护双手。

（7）静电手环　在维修或碰触电子芯片等元器件时，应佩戴静电手环进行防静电维修作业，如图 10-4 所示。

（8）橡胶锤　橡胶锤用于部件连接后的紧固，捶打减小零件之间的空隙；拆除时，相接触零件不易拆除，可用橡胶锤击打使之分离。

（9）扭力扳手　扭力扳手用于紧固或拆卸螺母。

（10）手电钻　手电钻用于组装打孔或拆卸时拆除铆钉，配有相应型号钻头，如图 10-5 所示。

（11）螺母枪　螺母枪用于在连接孔位上安装固定螺母，如图 10-6 所示。

图 10-4　有线静电手环　　　　图 10-5　手电钻　　　　图 10-6　螺母枪

相关知识点 2：检测工具的认知

植保无人机检测工具一般配合软件使用，软件中能够自行检测模块或无人机运行情况，并给出自检结果与判断。下面来认识一些能够用到的检测工具。

（1）智能电池调试线　智能电池调试线用于连接智能电池与 PC 端，从而便于查看电池运行情况、检测电池故障点，如图 10-7 所示。

（2）无人机调试线　无人机调试线用于将运行数据传输至 PC 端，并通过软件对无人机进行调试，如图 10-8 所示。

（3）USB 转 TTL 接头　USB 转 TTL 接头用于 CH340（USB 总线转接芯片）模块数据的转接连接，如图 10-9 所示。

图 10-7　智能电池调试线　　　图 10-8　无人机调试线　　　图 10-9　USB 转 TTL 接头

（4）RS485 转 USB 串口线　RS485 转 USB 串口线用于将 UNICOM 通信模块数据传输至 PC 端，如图 10-10 所示。

可以利用手机端连接无人机，通过无人机控制软件进行自检，查看其状态。另外，也可以用专业自检工具连接无人机进行检测，查看飞机故障。专用无人机检测器及软件检测页面如图 10-11 和图 10-12 所示。

图 10-10　RS485 转 USB 串口线

图 10-11　专用无人机检测器　　　　图 10-12　无人机软件检测页面

 任 务 核 验

思考题

1. 简单列举几个维修工具并说明其用途。

2. 简单列举几个检测工具。

学习任务 2　植保无人机部件的拆装

 ## 知识目标

1. 掌握机架系统的拆装步骤。
2. 掌握动力系统的拆装步骤。
3. 掌握传感控制系统的拆装步骤。
4. 掌握喷洒系统的拆装步骤。

 ## 任务描述

　　本任务主要介绍植保无人机各部件的拆装过程，并通过拆装进一步认识无人机结构，同时体会无人机部件换装的技巧。

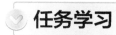 ## 任务学习

相关知识点 1：机架结构系统的拆装

　　植保无人机机架系统包括机壳、机身、机臂、起落架、前后分电板等，下面对重点部件的维修拆卸进行介绍。组装为拆卸反向操作，这里不重复介绍。

1. 机壳的拆卸

　　为了美观与保护重要电子模块，无人机会加装机壳。机壳可以是一个整体，也可以分多个部件组成，用螺钉固定在机身上。拆卸时，找到固定螺钉，利用工具将其取下即可。

2. 机臂的拆卸（以 2 号机臂为例）

1）取下前分电板 2 号电调线束连接器，如图 10-13 所示。
2）断开后分电板上 2 号电动机电源线束连接器，如图 10-14 所示。
3）拆卸固定航灯的 2 颗螺钉，如图 10-15 所示。
4）断开航灯的电源线束连接器，如图 10-16 所示。
5）抽出电动机电调线束，如图 10-17 所示。
6）拧下卡扣连杆螺钉，如图 10-18 所示。

图 10-13　拆卸 2 号电调线束连接器

图 10-14　拆卸 2 号电动机电源线束连接器

图 10-15　拆卸航灯固定螺钉

图 10-16　断开航灯电源线束连接器

图 10-17　抽出电动机电调线束

图 10-18　拧下卡扣连杆螺钉

7）拧下机臂折叠转轴的防松螺母，如图 10-19 所示。

8）向上取出机臂折叠转轴，可以使用橡胶锤辅助拆卸，如图 10-20 所示。

图 10-19　拆卸转轴螺母

图 10-20　拆卸转轴

9）将转轴取下后，机臂已整体从无人机上拆除。安装步骤反向操作，但是建议先穿束线再固定转轴。

3. 前后分电板的拆卸

1）取下前分电板上插头与连接模块。

2）拧下固定前分电板的 6 颗螺钉，注意左右两端的安装螺钉和中间 4 颗螺钉型号不同，取下前分电板。前分电板固定孔位如图 10-21 所示。

3）拆除后分电板，先取下后分电板上插头。

4）拧下固定后分电板的 4 颗螺钉即可取下后分电板，后分电板固定孔位如图 10-22 所示。

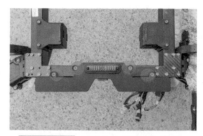

图 10-21 前分电板固定孔位　　　　图 10-22 后分电板固定孔位

4. 起落架的拆卸

1）用手电钻将固定脚架的铆钉钻孔破坏，图 10-23 所示为脚架铆钉孔位。

2）用橡胶锤辅助将起落架取下来。重新装配时需涂抹固定白胶。

图 10-23 脚架铆钉孔位

相关知识点 2：动力系统的拆装

植保无人机动力系统的拆装多指对电动机、电调、桨叶、电池等相关部件的拆装，这里主要介绍拆卸过程。装配可反向拆卸操作。

1. 桨叶的拆卸

拆卸固定桨夹的 4 颗螺钉，可连带桨叶桨夹一同取下换装，如图 10-24 所示。

2. 电动机电调的拆卸

1）用手电钻取下固定电动机座的 4 颗铆钉，取出前务必先抽出管内的电动机线束（见图 10-25）；拧下固定电动机安装座的 3 颗螺钉（见图 10-26）；拧下固定电调的 4 颗螺钉（见图 10-27）。

图 10-24 桨叶螺钉位置

2）拧下固定电池导轨总成的 4 颗螺钉，即可将其取下，如图 10-28 所示。

图 10-25 拆卸电动机固定铆钉

图 10-26 拆卸安装座螺钉

图 10-27 拆卸电调固定螺钉

图 10-28 拆卸电池导轨

相关知识点 3：传感与控制系统的拆装

植保无人机传感控制系统包含各传感器与飞行控制模块，下面对部分模块的拆装进行介绍。

1. UNICOM 通信管理模块的拆卸

1）轻轻揭开 2 根 4G 天线表面的醋酸胶带，请勿拉扯馈线。4G 天线采用双面胶固定，取下时不能拉扯馈线，如图 10-29 所示。

2）断开 UNICOM 模块与 GPS 外置天线的连接器，如图 10-30 所示。

3）拆卸固定 UNICOM 模块的 4 颗螺钉，竖直向上取下模块件，模块背面底部与分电板有插槽连接，不可倾斜取放，如图 10-31 所示。

图 10-29 取下 4G 天线

图 10-30 断开连接器

图 10-31 UNICOM 固定螺钉

2. 飞控模块的拆卸

1）拆下飞控 GPS、LED 端口和控制端口连接线，如图 10-32 所示。

2）用工具轻轻撬起飞控惯性测量单元（IMU）模块，此模块为胶粘固定，因此需要撬动，如图 10-33 所示。

图 10-32　飞控连接线　　　　　图 10-33　取下飞控 IMU 模块

3. 中央处理单元（CPU）模块的拆卸

1）拧下 CPU 端数字视频接口（DVI）数据线的固定螺钉，向上拔出 DVI 数据线，如图 10-34 所示。

2）拧下固定 CPU 的 2 颗螺钉，如图 10-35 所示。

3）把 CPU 装有照相机数据线的一侧朝上放置，并拧下固定 USB 插头的 2 颗螺钉，拔出照相机数据线的 USB 插头，如图 10-36 所示。

图 10-34　拆除 DVI 数据线　　图 10-35　拆除 CPU 固定螺钉　　图 10-36　拆除 CPU 照相机
　　　　　　　　　　　　　　　　　　　　　　　　　　　　　　　　　　连接线固定螺钉

4. 双目照相机模块的拆卸

1）取下照相机与 CPU 的连接线，如图 10-37 所示。

2）拧下照相机的 2 颗固定螺钉，如图 10-38 所示。

3）从无人机前方取出照相机模块。

图 10-37　拔掉照相机与 CPU 的连接线　　图 10-38　拆除照相机的固定螺钉

5. 距离传感器模块的拆卸

1）拧下固定距离传感器的 4 颗螺钉，传感器固定孔位如图 10-39 所示。

2）取下距离传感器电源线插头，如图 10-40 所示。

图 10-39　传感器固定孔位

图 10-40　传感器电源线插头

相关知识点 4：喷洒系统的拆装

喷洒系统维修较多的部件是水泵、喷头，而药液箱、导管、流量计损坏情况较少。

1. 喷头的拆卸

1）取下弥雾喷头水管，拆下航灯。

2）拧下固定弥雾喷头减振座的 4 颗螺钉，如图 10-41 所示。

3）断开弥雾喷头线束连接器，如图 10-42 所示。

图 10-41　喷头固定螺钉

图 10-42　断开喷头线束连接器

2. 水泵换装

1）断开两侧的水泵电源连接线，如图 10-43 所示。

2）取下水泵左右进出水口水管螺母，如图 10-44 所示。

图 10-43　断开水泵电源连接线

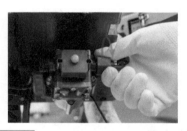
图 10-44　取下水泵左右进出水口水管螺母

3）向外抽出水泵，另一侧水泵也是同样的拆卸方法，如图 10-45 所示。

4）逆时针拧下水泵固定器的 4 颗螺钉即可将其取下，另一侧也是同样的方法，如图 10-46 所示。

　　图 10-45　取下水泵

　　图 10-46　拆卸水泵固定器

任 务 核 验

思考题

1. 简述飞控的拆卸步骤。

2. 简述 UNICOM 模块的拆卸步骤。

3. 简述喷头的拆卸步骤。

实训任务　植保无人机部件拆装实训

 技能目标

1. 能拆装植保无人机的桨叶、喷头、机臂等部件。
2. 能拆装无人机内部模块。

 任务描述

使用提前准备好的工具，按照植保无人机部件拆装过程完成实训任务操作。

任务实施

1. 任务准备

清理好工位，准备好所需的工具，摆放整齐。准备好要拆卸的植保无人机，根据任务顺序拆卸或换装桨叶、喷头、支臂、内部模块等。

2. 任务实施

学员进行分组训练，4~6人一组，共同操作一架植保无人机。完成相应的操作拆卸组装记录，见表10-1。

表10-1　拆卸组装记录

小组成员				
任务	任务细分	使用工具	操作具体步骤	操作失误记录
拆装动力系统	桨叶			
	电动机			
	电调			
拆装喷撒系统	喷头			
	水泵			
	流量计			
拆装机架结构系统	卡扣			
	起落架			
	机壳			
拆装模块	CPU			
	双目照相机			
	传感器			

多个任务所需实训时间较长，可将任务细分。如动力系统的拆装可分为桨叶、电动机、电调的拆装任务训练，其他任务同样参考此例。

3. 任务总结

在植保无人机拆装过程中，掌握工具的使用技巧和无人机部件拆装顺序。根据实际操作中遇到的困难与操作中发现的小技巧，填写总结报告。由指导老师给予指导分析，帮助学生判断总结内容的正确性。

■■■■■■■■ 任 务 核 验 ■■■■■■■■

一、思考题

1.简述植保无人机动力系统的拆装注意事项。

2.简述植保无人机喷洒系统的拆装流程。

3.简述无人机双目照相机的拆装流程。

二、练习

通过实训任务准备相关内容，完成工作页手册项目 10 中的实训任务。

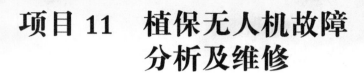

项目 11　植保无人机故障分析及维修

　　无人机行业的发展已经由初期驾驶员的大量缺口发展到对无人机售后维修服务的需求。掌握植保无人机维修技术，就是在为植保无人机作业保驾护航。

学习任务 1　植保无人机控制模块故障分析及维修

 知识目标

1. 掌握飞控模块故障分析及维修方法。
2. 掌握电源管理单元（PMU）模块故障分析及维修方法。
3. 掌握 UNICOM 模块故障分析及维修方法。
4. 掌握遥控控制链路故障分析及维修方法。

任务描述

　　通过学习本部分知识，对植保无人机各控制模块的故障情况进行分析，判断故障点，从而采取有效的维修方法，及时处理无人机出现的问题。充分了解与掌握无人机内部各模块的功能特性，系统性地分析故障问题，更好地解决问题。

 任务学习

相关知识点 1：飞控模块故障与维修

　　1. 植保无人机飞控 IMU 模块故障表现与处理

　　（1）导航器故障处理方法　重启无人机系统，观察是否恢复。

（2）加速度计误差大处理方法　将无人机放在相对平整的地块起飞。

（3）飞控起飞前姿态误差大处理方法　检查固定飞控的双面胶是否粘贴牢靠。

（4）飞控无通信处理方法　校准磁罗盘。

（5）动力系统无自检处理方法　更换飞控。

2. 飞控 GPS 模块组件故障表现与处理

（1）持续播报飞控 GPS 错误处理方法　更换模块。

（2）磁罗盘误差大处理方法

1）确保起飞点不是在下水道井盖上，作业场地没有强磁场、发射塔、大型建筑物、铁丝网；确保没有电线在无人机附近。

2）如果故障重复出现，则需重新校准磁罗盘。

3）如果重新校准磁罗盘 3 次后故障仍然存在，则更换飞控 GPS 模块（含磁罗盘）并重新校准磁罗盘。

（3）飞控 GPS 无定位、信号弱、无通信处理方法

1）观察起飞点旁边是否有树木或建筑物等物体遮挡。

2）是否有高压线、变电站、信号塔、军事基地及机场等外界干扰。

3）无人机重新通电。

4）检查飞控 GPS 和飞控模块的连接是否正常。

5）更换飞控 GPS 模块。

相关知识点 2：PMU 模块故障与维修

植保无人机 PMU 模块故障表现与处理如下：

（1）主电池检测故障处理方法　请尝试更换 PMU 电源模块。

（2）主电异常处理方法

1）智能电池到后电板连接出现问题，系统正在由备用电池供电。检查后分电板上智能电池插座是否损坏，如果有异常，则进行更换。

2）如果没有异常，检查前分电板到 PMU 模块的连接是否正常，并重新通电来确认故障消失。

3）如果故障仍然存在，请更换电源模块。

（3）关机失败处理方法　如果无法强行关机，则将备用电池从电源模块上断开，断开 3~5s 后，重新接回备用电池插头并重新通电，如果故障仍然存在，则更换电源模块。

（4）充电异常处理方法　请更换备用电池重试。如果故障仍然存在，则更换电源模块。

相关知识点 3：UNICOM 模块故障与维修

植保无人机 UNICOM 模块故障表现与处理如下：

（1）持续发生云基站 GPS 未就绪、GPS 无法定位处理方法　网络和连接无异常时，尝试更换 UNICOM 模块。

（2）CPU 无通信处理方法　若没有其他模块同时报错，请检查通信模块与分电板之间连接是否紧固。若问题仍存在，请更换通信模块。

（3）通信无 SIM 卡处理方法

1）请检查物联 SIM 卡安装是否正确，若安装异常，请重新安装好 SIM 卡。

2）若问题仍存在，请更换另一张物联卡来看问题是否消失。

3）若问题仍存在，请更换通信模块。

（4）无手机网服务处理方法

1）请检查 4G 天线安装正确并无破损。若有异常，则进行更换。

2）若问题仍存在，请检查物联卡 SIM 卡各项功能服务是否正常，若有异常，请更换 SIM 卡。

3）若问题仍存在，请更换通信模块。

相关知识点 4：遥控链路故障与维修

植保无人机遥控链路故障表现与处理如下：

（1）遥控器信号丢失处理方法

1）查看是否拿错遥控器或遥控器未开机，检查遥控器编号与无人机是否一致。

2）查看遥控器和无人机之间是否有遮挡、距离是否过远超距、天线摆放是否正确。

（2）遥控器无法加解锁处理方法

1）检查遥控器行程，校准遥控器摇杆行程。

2）检查飞行模式是否为手动模式（GPS 位置保持）。

（3）充电宝无法给遥控器充电处理方法　使用的是普通充电宝，充电协议不支持，更换支持 PD 快充（主流快充协议之一）的充电宝充电。

（4）遥控器无法连接无人机处理方法

1）观察遥控器信号指示灯是否为红色，如果是红色，则关闭遥控器，关闭无人机电源，等待 5min 后再开启遥控器，重启无人机。

2）关闭遥控器，关闭无人机电源，等待 5min 后，重启设备，1min 后进行重新对频操作。

（5）遥控器频繁断开重新连接处理方法　检查遥控器天线是否松动、接收机天线馈线是否脱落或松动，拆开接收机查看内部馈线是否松动。若仍然有问题，则更换接收机。

■■■■ 任 务 核 验 ■■■■

思考题

1. 简述飞控 GPS 组件故障表现与处理办法。

2. 简述 UNICOM 模块故障表现与处理办法。

3. 简述遥控器链路故障表现与处理办法。

学习任务 2　植保无人机传感器模块故障分析及维修

 知识目标

1. 掌握照相机模块故障分析及维修方法。
2. 掌握传感器模块故障分析及维修方法。

 任务描述

　　学习本部分知识，对植保无人机传感器模块的故障情况进行分析。通过对故障表现情况分析具体故障问题，设计处理办法。正确分析无人机故障问题，实行可行的维修，及时处理无人机问题。

相关知识点 1：照相机模块故障与维修

　　植保无人机照相机模块故障表现与处理如下：

　　（1）视觉无通信处理方法　检查照相机 USB 连接是否可靠，接头是否受损。如果有，请更换照相机 USB 连线；如果照相机 USB 连接可靠但故障仍然存在，请更换 CPU 并将照相机校准文件放入 CPU 内。

（2）起动失败处理方法　更换 CPU 并将照相机校准文件放入 CPU 内。

（3）时效错误处理方法

1）检查照相机 USB 数据线连接是否可靠，即检查 USB 线和 USB 插头是否紧固在 CPU 外壳上；检查 USB 接头内金属弹片是否发生扭曲错位，如果有错位，请更换 USB 线。

2）如果照相机 USB 数据线连接可靠但故障仍然存在，请先更换照相机。将新换照相机校准的文件放入 CPU。

3）如果故障仍然存在，请更换 CPU。如果更换 CPU 故障排除，那么原有的照相机可能没有问题，可以再将原有照相机装上。如果没有故障，原有照相机可继续使用。若故障继续发生，则表明原照相机也有问题，需要替换。

（4）照相机未校准处理方法　将照相机的校准文件放入 CPU 内。

（5）照相机断连处理方法　方法同（3）时效错误处理方法。

（6）照相机灯不亮、无人机乱避障、没有障碍物也会停下来要求微调处理方法

1）检查照相机镜头是否有遮挡或脏污，如果有则及时清理。

2）检查照相机 USB 线和插头连接是否可靠，如果松动请紧固。

3）检查是否有"炸机"而导致照相机微变形，如果有则及时更换照相机。

4）检查照相机是否更换完后没有放校准文件，如果有则将校准文件放入 CPU。

5）重新起动无人机。

6）更换照相机及对应的校准文件。

7）更换 CPU 模块。

相关知识点 2：传感器模块故障与维修

植保无人机传感器模块故障表现与处理如下：

（1）高度传感器无通信处理方法　检查相关线束，更换距离传感器。

（2）高度传感器读数过低处理方法

1）检查高度传感器是否松动，确保高度传感器圆锥里的金属面清洁，无腐蚀，内壁无凸起杂物粘附。

2）检查是否有电源线或其他配件离传感器太近，这些将影响传感器感知区域。

3）如果故障依然存在，请更换距离传感器。

（3）高度传感器接口断连处理方法　请检查高度传感器和距离传感器模块之间的连接，如果连接没问题但故障持续，请更换高度传感器。

（4）异常升高、不仿地处理方法　请检查高度传感器（圆锥里的金属面清洁，无腐蚀，内壁无凸起杂物粘附以及附近是否有松动的线）和距离传感器（圆环面是否清洁）。

━━━━━　任 务 核 验　━━━━━

思考题

1. 简述照相机模块故障表现与处理办法。

2. 简述传感器模块故障表现与处理办法。

学习任务 3　植保无人机动力系统故障分析及维修

 知识目标

1. 掌握电动机电调故障分析及维修方法。
2. 掌握电池与备用电池故障分析及维修方法。

 任务描述

　　学习本部分知识，对植保无人机动力系统的故障情况进行分析。通过已掌握动力系统工作原理对故障表现进行分析，构建问题处理办法。培养学员正确分析无人机故障，及时处理问题的能力。

任务学习

相关知识点 1：电动机电调故障与维修

　　植保无人机电动机电调故障表现与处理如下：

　　（1）电动机异响、堵转、转速异常处理方法　检查电动机是否进异物、变形，电动机轴承是否松动，如果是则采取相应措施进行排除。

　　（2）提示起飞异常处理方法

　　1）检查对应的问题电动机与电调的连接情况（如接触不良）。

　　2）必要时，可拆除全部桨叶检查 4 个电动机是否可以正常工作（注意必须按拆换桨叶流程操作）。

3）如果故障持续存在，请更换电调。

（3）提示打桨失败处理方法

1）无人机重新通电，手动打桨或者让无人机再次自动起飞，如果无人机打桨成功，就可以确认问题解决。

2）如果故障持续出现（无人机打桨失败），则根据飞控指示灯提示去检查动力连线或重新校正磁罗盘。

（4）电动机不能连续转动处理方法　检查电动机电调连接是否正确（包括相关电动机电调线束），如果错误则改正。

（5）发出滴滴响声处理方法　检查电动机电调线束是否破损、供电插头是否插紧，如果是则采取相应措施排除。

相关知识点 2：电池与前置备用（小）电池故障与维修

1. 植保无人机电池故障表现与处理

（1）续航时间短处理方法

1）检查电池循环次数是否过多、电池是否过放电、与额定电压压差大，如果有问题则更换电池。

2）检查水泵压力是否正常，喷洒管路有无堵塞或喷洒参数设置是否过低，如果有问题则更换水泵。

3）作业不熟练，多加练习，减少满载悬停节约电量。

4）将报警电压修改到正常值。

5）新电池前几次使用时无人机不要满载，需经过 3~5 次充放电来激活电芯最佳活性。

（2）智能电池无通信处理方法

1）先确认电池是否在关机状态下插拔，每次装电池时在电池插头处用力按压，确保插接到位。

2）关闭电池电源，等待 30s 再重启一次电池，看故障是否消失。

3）先关闭电池电源，再关闭无人机备用电池电源（俗称断大小电），再重启无人机。

（3）电池卡环不能锁住电池处理方法　可通过调整卡扣角度解决。

（4）智能电池报故障处理方法

1）从智能充电器上断开智能电池，并重新启动电池，再次连接充电器进行充电。

2）检查智能电池的固件版本是否为最新版本。

3）使用充电管理 App 连接智能充电器查看智能电池状态详情。

4）使用计算机端的智能电池管理软件查看相关故障代码。

2. 植保无人机备用电池故障表现与处理

（1）备用电池过放电处理方法　备用电池电压过低并在主电池存在的情况下不能充电，使用万用表测量备用电池电压，如果电池电压小于 6V，请更换备用电池；如果备用电池电压大于 6V，请更换电源模块。

（2）备用电池过充电处理方法

1）把主电池拔掉，关机后，从电源模块上断开备用电池。用万用表电压档测量备用电池连接器的 PIN1、PIN2 之间的电压是否高于 8.6V，如果电压高于 8.6V，请更换电源模块，备用电池可以在新的电源模块上工作一段时间来观察是否正常。

2）如果电压不高于 8.6V，将备用电池还原成原状再通电看故障是否存在，如果故障仍然存在，请更换电源模块。

（3）充电异常处理方法　请尝试更换备用电池。如果故障仍然存在，请更换电源模块。

（4）断开主电池，系统断电处理方法　检查备用电源电压是否正常，如果有问题则更换备用电源。

━━━━ 任 务 核 验 ━━━━

思考题

1. 简述电动机电调故障表现与处理办法。

2. 简述电池故障表现与处理办法。

3. 简述备用电池（小电）故障表现与处理办法

学习任务 4　植保无人机喷洒模块故障分析及维修

 知识目标

1. 掌握喷头故障分析及维修方法。
2. 掌握水泵故障分析及维修方法。
3. 掌握流量计故障分析及维修方法。

任务描述

学习本部分知识，针对植保无人机喷洒系统的故障情况进行分析。简单的导管、药液箱通过观察可直接判断是否需要更换设备部件。本部内容重点介绍喷头、水泵、流量计等对药液喷洒传输起到关键作用的设备。

任务学习

相关知识点1：喷头故障与维修

植保无人机喷头故障表现与处理如下：

（1）喷头丢盘或断连处理方法

1）检查喷盘是否丢失或受损，如果是，请更换喷盘。

2）开强制喷洒，检查喷头离心电动机是否正常运转，如果不能正常运转，请更换喷头。

（2）左右喷盘故障、左右齿故障处理方法

1）检查喷头的转盘和转齿转动是否顺畅，如果转盘和转齿有摩擦，请更换喷头。

2）如果听到"咔咔"异响，请更换喷头。

3）如果更换喷头后故障仍然存在，请在地面站上开启喷洒，观察左、右喷头流量是否一致，如果有明显差别，请更换流量少的一侧。

（3）喷盘、齿盘检测故障处理方法

1）检查喷洒模块安装是否正常。

2）如果喷洒模块正常但是故障仍然存在，请拆下航灯，检查喷头线束有无破损，检查连接器是否锁紧、接头内部插针和弹片是否退针。检查完毕以后重新开启清洗测试，如果仍有问题则更换喷头。

3）以上检查完毕仍无法解决故障，则更换喷洒模块。

（4）喷头断连处理方法

1）开启喷洒，检查喷头电动机是否正常运转，如果不能正常运转，则先拆开航灯，断开电动机的连接器，用万用表通断档测量电动机供电端连接器内的两个 PIN 之间是否导通，如果不导通，则直接更换喷头。

2）如果喷头电动机端连接器内的两个 PIN 之间导通且故障仍然存在，检查后分电板上的电源线及信号线连接器是否锁紧、无退针。如果这段线束有异常，则更换；否则更换喷头。

3）如果故障依然存在，确认前分电板上喷洒模块固定是否正常，若固定正常，尝试更换喷洒模块。

相关知识点 2：水泵故障与维修

植保无人机水泵故障表现与处理如下：

（1）左右水泵过流处理方法　拔掉前分电板上的水泵、流量计连接器。如果故障消失则为水泵线束或水泵问题。依次检查或更换水泵线束或水泵来定位问题。

（2）左右水泵故障处理方法　请检查水泵是否能正常开启和关闭。如果不能，请更换水泵。如果能正常开启和关闭，则更换喷洒模块。

相关知识点 3：流量计故障与维修

植保无人机流量计故障表现与处理如下：

（1）流量计异常处理方法

1）检查流量计连接器是否锁紧，流量计线束是否无破损，如果有异常，则需要进行更换。如果连接器和流量计线束没有异常，请更换流量计。

2）如果故障仍然存在，请检查喷洒模块在前分电板上的安装是否紧固。

3）如果故障仍然存在，请更换喷洒模块。

（2）药液箱空处理方法

1）如果药液箱确实空，属于正常播报。

2）如果药液箱不空，请检查喷洒系统（可能是水泵没有工作或管路堵塞、漏气所导致），需要使用清洗功能清洗管路和水泵，确保没有漏水漏气。如果故障仍然存在，请更换流量计。

■■■■■■　任 务 核 验　■■■■■■

思考题

1.简述喷头故障表现与处理办法。

2.简述水泵故障表现与处理办法。

3.简述流量计故障表现与处理办法。

实训任务 1　植保无人机模块与传感器故障维修实训

技能目标

1. 掌握植保无人机各模块故障表现与维修方法。
2. 掌握植保无人机传感器故障表现与维修方法。

任务描述

使用提前准备好的工具，根据植保无人机产生的问题表现分析判断发生故障的模块或传感器。维修或更换模块与传感器，使植保无人机能够正常飞行作业。

任务实施

1. 任务准备

清理好维修工位，准备好所需的工具，并摆放整齐。准备好发生故障或模拟故障的植保无人机，根据故障问题的描述与检查的现象等，分析判断故障点并维修无人机。

2. 任务实施

指导老师给出植保无人机故障问题场景，学员根据不同的故障问题描述，自主进行无人机维修，对整个维修过程进行记录并由指导老师进行考评。模块与传感器维修记录见表 11-1。

表 11-1　模块与传感器维修记录

项目	内容	备注
学员姓名		
故障问题描述		
分析故障点		
选用的维修工具		
维修方案介绍		
维修过程操作问题记录		
维修结果		
导师评价		

植保无人机内部模块较多，可将任务细分。如 CPU、PMU 模块、通信模块、飞控、接收机、感应器等的维修。

3. 任务总结

　　植保无人机模块与传感器故障维修过程中，了解单个模块、传感器在无人机运行中起到的作用，掌握无人机故障模块、传感器的表现。实际维修无人机并填写总结报告。指导老师给予指导分析，帮助学生判断总结内容的正确性。

■■■■■■ 任 务 核 验 ■■■■■■

一、思考题

1. 简述植保无人机 CPU 故障表现与维修方法。

2. 简述植保无人机通信模块故障表现与维修方法。

3. 简述接收机与遥控器连接故障表现与维修方法。

二、练习

通过实训任务准备相关内容，完成工作页手册项目 11 中的实训任务 1。

实训任务 2　植保无人机动力与喷洒系统故障维修实训

 ### 技能目标

1. 掌握植保无人机动力系统故障表现与维修方法。
2. 掌握植保无人机喷洒系统故障表现与维修方法。

 ### 任务描述

　　使用提前准备好的工具，根据植保无人机产生的问题现象分析判断动力与喷洒系统故障原因。维修或更换部件使无人机恢复正常。

任务实施

1. 任务准备

清理好维修工位，准备好所需的工具，并摆放整齐。准备好动力或喷洒系统发生故障的植保无人机，根据故障表现，分析判断故障点并维修无人机。

2. 任务实施

学员根据不同的故障问题描述，自主进行无人机维修，对整个维修过程进行记录并由指导老师进行考评。动力与喷洒系统维修记录见表 11-2。

表 11-2　动力与喷洒系统维修记录

项目	内容	备注
学员姓名		
故障问题描述		
故障点检查与分析		
选用的维修工具		
维修方案介绍		
维修过程操作问题记录		
维修结果		
导师评价		

植保无人机动力与喷洒系统较复杂，可将任务细分。如电调、电动机、桨叶、水泵、药液箱、喷头等的维修。

3. 任务总结

植保无人机动力与喷洒系统故障问题多数较为直观，可通过人眼进行识别，了解单个部件在无人机系统运行中起到的作用。可识别故障，并进行维修与排除。

=== 任 务 核 验 ===

一、思考题

1. 简述植保无人机电动机故障表现与维修方法。

2. 简述植保无人机水泵故障表现与维修方法。

3. 简述植保无人机喷头故障表现与维修方法。

二、练习

通过实训任务准备相关内容，完成工作页手册项目 11 中的实训任务 2。

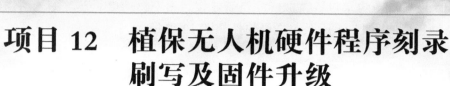

项目 12　植保无人机硬件程序刻录刷写及固件升级

学习任务　植保无人机硬件程序刻录与刷写技术

 知识目标

1. 了解什么是硬件程序刻录与刷写。
2. 了解掌握更换 CPU 模块后的硬件程序刻录。
3. 更换 GPS 模块后的硬件程序刻录。
4. 掌握电池固件升级。
5. 掌握喷洒模块的固件升级。
6. 遥控器上固件的升级。

 任务描述

　　学习本部分知识，了解什么是硬件程序刻录与刷写。掌握植保无人机何种情况下需要进行维修以及模块固件硬件程序刻录刷写，无人机喷洒模块与通信控制模块需定期进行固件升级，增强功能应用，弥补数据漏洞等。

 **任务学习**

相关知识点 1：认识硬件程序刻录与刷写

　　硬件程序刻录俗称烧录，即将电子产品硬件刻录相应运行程序。刷写是对硬件设备进行重写、更新、升级等操作。在无人机维修过程中，一般不会涉及对固件芯片的编程。但可能会涉及刷写与固件升级。

1. 烧录

芯片烧录主要有联机烧录与脱机烧录两种，工厂里一般采用联机烧录，需要用到专用的烧录软件与烧录连接线。烧录过程类似程序复制过程，给空白的电子芯片录入研发好的程序。固件模块芯片如图 12-1 所示，烧录软件如图 12-2 所示。

2. 刷写

刷写是对已烧录芯片重新进行烧录、刷新、升级等操作。刷写程序和烧录类似，也需要专业的软件与连接设备。烧录、刷写连接器如图 12-3 所示。

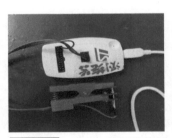

图 12-1 固件模块芯片　　图 12-2 烧录软件　　图 12-3 烧录、刷写连接器

相关知识点 2：植保无人机更换 CPU、GPS 模块后的烧录

植保无人机出现系统硬件模块运行故障，或功能运行问题，需要更换新的模块，如 CPU、GPS。更换模块后，需进行模块烧录或整机运行程序烧录，让模块匹配运行环境。

CPU 模块是植保无人机的计算机，负责避障操控、信息处理。CPU 是由多个芯片组合相连而成。对于新模块来说，如果是无人机厂家生产并已经录入程序的，则可直接替换使用。这种情况在维修时，直接更换模块并检测系统运行即可；如果未进行程序烧录，则不可直接使用。

GPS 模块是植保无人机的定位器，要配合飞控对飞行进行控制。该模块出现问题后对无人机影响较大。伴随着无人机产品的更新迭代，在软件程序上也需要对功能进行补充与更新。更换后有时还需要对整机运行程序进行刷写。

模块芯片属于静电敏感元器件，在维修或烧录过程中要做好静电防护工作。最好穿戴防静电装备，如静电防护服、防静电手环等。

烧录、刷写流程如下：

（1）烧录工具准备　准备好 PC、安装烧录软件、备好串口工具（见图 12-4）。

（2）将串口工具接入 PC，打开烧录软件　按照烧录、刷写操作流程，依次进行输入设置（见图 12-5）。观察软件烧录复刻运行，完成后，取下串口工具。串口线不止一种，根据不同模块连接接口配备适用串口线。

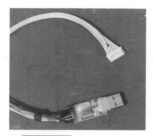

图 12-4　串口工具

图 12-5　烧录软件操作设置

（3）刷写完成　软件刷写完成后，需要给植保无人机通电，进行系统自检，观察无人机运行是否正常。若自检通过，运行正常，则进行试飞测试。

相关知识点 3：植保无人机模块固件升级

模块固件升级是指对模块内部控制芯片的内嵌固件进行升级，可以是模块固件运行程序的升级，也可以是固件结构设计的升级。下面举例说明。

1. 电池固件升级

智能电池由其内部智能控制芯片进行输入与输出的控制。电池出厂前，厂家会将智能电池固件版本升级到最新。但随着智能软件等运行工具的升级换代，电池固件也需要随之升级。升级电池固件需连接电池智能控制芯片，对运行程序进行升级。

2. 喷洒模块固件升级

喷洒模块固件涉及的设备有水泵、流量计、喷头、液位计等，各个设备相互配合使用，而模块软件控制各个设备的运行。模块固件升级前要考虑喷洒系统部件是否支持升级后应用功能的使用，如果不支持则无需升级。

喷洒模块固件升级方式和烧录、刷写程序相同，利用 PC、串口连接器（见图 12-6），连接芯片，并利用烧录软件完成烧录设置。

喷洒模块也可利用植保无人机操作控制 App 进行固件升级。利用手机或遥控器将无人机 App 打开，无人机通电并连接控制器。手机下载喷洒模块固件升级包，将数据载入无人机控制系统，固件程序升级成功。

图 12-6　模块芯片串口连接器

3. 遥控器固件的升级

遥控器固件的升级与其他模块固件升级有所不同。大部分植保无人机遥控器是可以进行网络连接并传输数据。这类遥控器进行固件升级非常方便。厂家将升级包上传至官网，并在软件上发布版本更新提醒。使用者可操控遥控器连接网络打开无人机控制软件，查看固件版本，进行更新。

在地面站软件内查看固件版本，如果有新版本单击即可进行在线升级（见图 12-7和图 12-8），需要注意的是固件版本的查看以及升级都必须连接植保无人机，并保证人员与植保无人机之间留有安全距离。

图 12-7　地面软件固件升级页面

图 12-8　地面软件版本更新

任 务 核 验

思考题

1. 简单介绍无人机模块的烧录与刷写过程。

2. 简单介绍工厂内进行联机烧录和固件升级的过程。

3. 简述遥控器固件升级操作方法。

项目 13　植保无人机的售后服务

随着植保无人机在农林领域的使用范围不断扩大，植保无人机的保有量每年都在增长。同样地，有关配套服务需求也在不断地增长。

学习任务 1　售后维修工单系统和备件库管理

 知识目标

1. 掌握售后服务系统内容。
2. 掌握售后维修工单系统操作流程。
3. 掌握备件库管理内容。

 任务描述

学习本部分知识，掌握售后维修处理程序流程，以及如何正确建立维修工单；掌握维修工单系统操作流程，掌握备件库管理内容。进而把握整个售后维修模块的运作流程，更好地应对售后问题。

任务学习

相关知识点 1：售后维修工单系统

植保无人机厂家为了提高售后维修服务质量和效率，会建立独立的维修工单系统。用高效的工单系统流程运行方式，建立顺畅的维修服务。方便用户更快维修受损无人机，不耽误作业农时。

维修工单系统操作流程如图 13-1 所示。

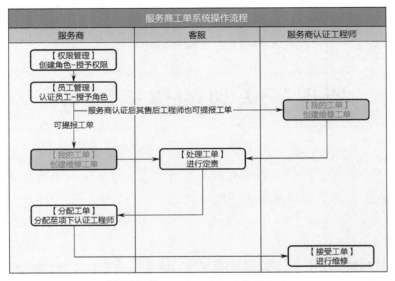

图 13-1 维修工单系统操作流程

1. 维修工单的创建

（1）通过厂家提供的操作平台软件创建维修工单　可以通过厂家提供的操作平台软件创建维修工单。登录软件→单击服务支持→工单申请→我的工单→新建工单→填写信息并提交，如图 13-2 所示。

图 13-2 无人机驾驶员创建维修工单

（2）服务商管理系统创建维修工单　通过服务商管理系统找到工单管理模块，在其中可以新建维修工单。工单管理→我的工单→新建工单→填写工单信息→确认提单，如图 13-3 所示。

图 13-3 管理系统创建维修工单

2. 维修工单的分配与处理

维修工单生成后由无人机厂家客服统一分配给工单所在区域服务商或维修点，再由工程师接单维修。售后维修工程师接单步骤如下：

1）登录服务商管理系统，如图 13-4 所示。

图 13-4 登录界面

2）进入工单管理，选择"我的工单"，如图 13-5 所示。

图 13-5 工单管理页面

3）单击"维修"并选择服务方式，如图 13-6 所示。

图 13-6　选择服务方式页面

4）上报需更换的配件、数量，如图 13-7 所示。

5）维修完成，上报处理结果，如图 13-8 所示。

图 13-7　上报更换配件

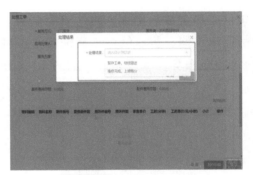

图 13-8　上报处理结果

相关知识点 2：备件库管理内容

植保无人机厂家会根据各地区销售情况在远离生产地的地区设置备件库，方便快速维修和销售无人机。厂家会根据各地销售情况与部件维修破损率来确定备件库物品数量，尽量做到不在仓库中滞留较多物品。

备件库中的产品设备数量需提交申请并缴纳保证金才能够从厂家取到货物，各地服务商会自行根据资金实力、所需备件多寡来决定备件库的库存量。

1. 植保无人机备件存储管理要求

1）备用植保无人机由工厂直接发到各地区直属仓储，到货后由直属仓储统一开箱验收，并存入直属仓库。

2）备用件在库时为"锁定"状态，如果启用需填写设备使用单并由属地服务商或售后人员签字确认。

3）备用件需按品类存放，其中电池或其他危险物品须存放在单独的仓库，做好消防安全管控。

4）定期对备用件进行盘点，确保备用件的物品与账务内容一致。

5）定期对备用件使用情况进行抽查。

2. 备用植保无人机发放管理

1）备用机根据销售数量进行配比。

2）直属仓储根据销售订单按备用机的配比额度配发。

3）备用机到货后 5 日内通知经销商领取，经销商需自行安排车辆在 5 日内到直属仓储领取备用机。

4）在领取备用机时，需通过售后服务系统扫码确认接收。

3. 服务商备用机退回

1）合作期内经销商如果需要减少备用机数量，可向厂家申请退回部分设备，申请审核通过后，经销商将备用机发往直属仓储，经验收后，在一定期限内退回保证金。

2）经销商负责备用机的管理，如果备用机在经销商处丢失或损坏，则由经销商照价赔偿，可直接从保证金中扣除。

3）合作期届满不再续约的，经销商需将所有备用机发往直属仓储，经直属服务站验收后，在一定期限内退回保证金。

▰▰▰▰ 任 务 核 验 ▰▰▰▰

思考题

1. 简述创建维修工单步骤。

2. 简述维修工单的处理流程。

3. 简述备用件存储管理要求。

学习任务 2　植保无人机保险知识

　## 知识目标

1. 掌握植保无人机保险范围。
2. 掌握植保无人机保险投保与出险流程。

　## 任务描述

　　本部分内容介绍了植保无人机所参保的险种以及保险保障范围。学习本部分内容，掌握植保无人机保险知识，在实际应用中，降低植保无人机因意外事故造成的经济损失和人员安全风险。

　## 任务学习

相关知识点1：植保无人机保险种类与范围

1. 植保无人机机损险

　　在保障期间内，被保险人操纵无人机在飞行过程中发生意外事故造成已投保无人机或机载设备损失损毁，保险人按照保险合同内容负责赔偿。

2. 第三方责任险

　　在保障期间内，被保险人操纵无人机在飞行过程中发生意外事故造成第三者人身伤害或财产损失，应该由被保险人承担赔偿责任，保险人按照保险合同内容负责赔偿。

3. 无人机驾驶员工伤险

　　在植保无人机作业中，无人机驾驶员不可避免会接触农药。另外，无人机飞行作业也有一定的安全风险，为了防止发生对无人机驾驶员的意外伤害，要为其购买工伤险，保障植保工作时人员的安全。

相关知识点2：保险投保与出险流程

1. 植保无人机保险的投保

生产厂家一般会给出与植保无人机相配套的保险方案，购机者可按照厂家所提供的软件线上服务对无人机进行投保。投保操作流程如下：

1）登录投保软件，如图 13-9 所示。

2）在应用程序中，选择无人机投保，如图 13-10 所示。

3）扫描二维码或输入机架号编码，如图 13-11 所示。

图 13-9 软件登录页面　　图 13-10 软件应用页面　　图 13-11 输入机架号

4）填写投保方信息数据并将机身铭牌拍照上传，如图 13-12 所示。

5）保存并阅读保险条例，完成支付，投保成功，如图 13-13 所示。

图 13-12 投保填写信息　　图 13-13 投保基本信息

2. 植保无人机出险流程

（1）客户在线报案　发生无人机意外事故后，用户不要慌张，在确保人员安全的情况下采集事故现场照片。在厂家提供的客服软件上，在线报案或提交维修工单。注意：事故现场照片要根据厂家保险与维修采集要求进行拍摄，不可弄虚作假，如图 13-14 所示。

（2）保险公司案件预审　报案资料由保险公司预审，完成后告知客户评估结果及无人机后续维修方式和所需准备的相关理赔资料。

（3）补充相关理赔资料　按照保险公司提供流程维修设备，并整理维修及理赔资料，提交保险公司。

图 13-14　故障图像上传

（4）保险公司审核理赔资料

（5）保险公司支付赔偿款项

多数情况下，植保无人机厂家会将保险申报与维修抵扣等费用进行整合处理，当无人机用户操控飞行器发生意外事故后，厂家简化用户的事故处理与保险申报过程，用户只需提交事故信息，在保障有效期内，厂家帮助用户处理保险与安排无人机维修事项。

任 务 核 验

思考题

1. 简单列举植保无人机作业所需购买的保险。

2. 简述申报保险所需提供的材料。

3. 简述保险的出险流程。

学习任务 3　植保无人机售后服务规范

 知识目标

了解植保无人机三包政策。

 任务描述

本部分内容介绍了植保无人机售后服务相关内容。

任务学习

相关知识点：植保无人机三包定责规范

1. 三包信息收集

1）属于三包理赔范围的，需在 48h 内提供必要资料，如果无法在有效时间内提供资料，则需提前向客服中心报备。

2）提供必要三包判责资料：故障描述；地块编号；故障时间段；无人机日志和 FPV 视频，如果无法上传上述日志，则需要提供飞控日志（特殊情况：如果撞电线或掉入水中，则需提供飞控日志无法读取的视频）；第一故障现场环境视频；无人机受损视频或图片；无人机驾驶员及设备合影；设备铭牌信息。

2. 三包定责标准

现依据《中华人民共和国产品质量法》《中华人民共和国消费者权益保护法》和《农业机械产品修理、更换、退货责任规定》（以下简称三包法规）提供三包服务，三包内容及保修期限如图 13-15 所示。

依据三包法规凡属于上述三包有效期和质量保证期内的产品（零部件）由经销商指定修理者负责免费维修，并按照合同接受生产者、销售者的监督检查。

序号	零部件名称	保修期限
1	飞控模块及飞控 GPS	12 个月
2	CPU 模块	12 个月
3	电源模块	12 个月
4	GPS 及通信模块	12 个月
5	照相机模块	12 个月
6	距离传感器	12 个月
7	喷洒控制模块	12 个月
8	基站设备及充电器	12 个月
9	打点测绘设备及充电器	12 个月
10	机架	12 个月
11	药液箱	12 个月
12	遥控器（含接收机）	12 个月
13	动力电池充电器	12 个月
14	动力电调模块	12 个月
15	电动机	6 个月或 200 小时
16	动力电池	12 个月或 1500 次循环
17	喷头	6 个月或 20000 亩，先到为准
18	水泵	5000 亩
19	夜航灯	12 个月或 200 小时，先到为准
20	接插件、连接件、线材类	1 个月
21	喷洒管路、接头、三通等	1 个月
22	脚架及连接件	1 个月
23	桨叶	1 个月
24	塑胶件	1 个月
25	液位计	3 个月
26	流量计	6 个月
27	前分电板	12 个月
28	后分电板	6 个月
29	播撒器	3 个月或 10000 亩，先到为准
30	RTK 天线	12 个月
31	夜航灯风扇	6 个月
32	电池散热器	12 个月
33	双快充直流充电器	1 年或 500 小时，先到为准
34	充电控制器	2 年

图 13-15　三包内容及保修期限

参 考 文 献

［1］杨华保.飞机原理与构造［M］.2版.西安：西北工业大学出版社，2011.

［2］吴森堂.飞行控制系统［M］.2版.北京：北京航空航天大学出版社，2013.

［3］何雄奎，刘亚佳.农业机械化［M］.北京：化学工业出版社，2006.

［4］陈英旭.农业保护环境［M］.北京：化学工业出版社，2007.

［5］关成宏.绿色农业植保技术［M］.北京：中国农业出版社，2010.

［6］何勇.农用无人机技术及其应用［M］.北京：科学出版社，2018.

［7］贾玉红，吴永康.航空航天概论［M］.5版.北京：北京航空航天大学出版社，2022.

［8］全权.多旋翼飞行器设计与控制［M］.北京：电子工业出版社，2018.

［9］蔡志洲，林伟.民用无人机及其行业应用［M］.北京：高等教育出版社，2017.

［10］曹庆年，刘代军，林伯阳.无人机植保应用技术［M］.北京：清华大学出版社，2021.

［11］强胜.杂草学［M］.北京：中国农业出版社，2011.

［12］丁祖荣.流体力学［M］.北京：高等教育出版社，2003.

［13］徐映明，朱文达.农药问答精编［M］.北京：化学工业出版社，2007.

职业教育无人机应用技术专业系列教材

植保无人机操控技术（项目式·含工作页）

工 作 页

学校＿＿＿＿＿＿＿＿＿＿＿

班级＿＿＿＿＿＿＿＿＿＿＿

姓名＿＿＿＿＿＿＿＿＿＿＿

学号＿＿＿＿＿＿＿＿＿＿＿

机械工业出版社
CHINA MACHINE PRESS

目 录

项目 2　**植保无人机起飞前检查** / 001
实训任务　植保无人机起飞前检查实训工作页 / 001

项目 3　**植保无人机的飞行操控** / 005
实训任务 1　植保无人机测绘实训工作页 / 005
实训任务 2　植保无人机手动飞行实训工作页 / 009
实训任务 3　植保无人机自主飞行实训工作页 / 013

项目 4　**植保无人机播撒技术** / 017
实训任务　植保无人机播撒作业实训工作页 / 017

项目 5　**植保无人机辅助设备操作** / 021
实训任务　植保无人机辅助设备使用实训工作页 / 021

项目 6　**紧急情况下植保无人机的操控** / 025
实训任务　紧急情况下植保无人机应急操作实训工作页 / 025

项目 7　**植保无人机的维护保养与储存** / 029
实训任务　植保无人机维护保养实训工作页 / 029

项目 8　农药安全使用常识及常见病虫害 / 033
实训任务　药物辨识与药剂配制实训工作页 / 033

项目 9　植保无人机喷洒效果检验及飞防作业的实施 / 037
实训任务　植保无人机喷洒效果检验实训工作页 / 037

项目 10　植保无人机的拆装 / 041
实训任务　植保无人机部件拆装实训工作页 / 041

项目 11　植保无人机故障分析及维修 / 045
实训任务 1　植保无人机模块与传感器故障维修实训工作页 / 045
实训任务 2　植保无人机动力与喷洒系统故障维修实训工作页 / 049

项目 2　植保无人机起飞前检查

实训任务　植保无人机起飞前检查实训工作页

任务描述

　　本任务主要练习植保无人机各系统的检查方式、植保无人机起飞前检查技能等，保障每次飞行都能更安全。掌握植保无人机各部位的检查内容与注意事项，能够发现安全问题隐患。

任务要求

　　1. 了解植保无人机各部件可能出现的问题。
　　2. 完成植保无人机机架系统检查。
　　3. 完成植保无人机动力系统检查。
　　4. 完成学习植保无人机控制系统检查。
　　5. 完成植保无人机喷洒系统的检查。

实训任务书

　　任务书见表 2–1。

表 2–1　任务书

序号	任务名称	任务描述与要求
1	植保无人机机架系统检查	自行选取植保无人机，观察、检查机架系统结构组成，检查各部件是否符合起飞标准，有无出现损伤松脱等问题并生成报告单

（续）

序号	任务名称	任务描述与要求
2	植保无人机动力系统检查	自行选取植保无人机，观察、检查动力系统结构组成，检查各部件是否符合起飞标准，有无出现损伤松脱等问题并生成报告单
3	植保无人机控制系统检查	自行选取植保无人机，观察、检查控制系统结构组成，检查各部件固定与连接是否符合起飞标准，有无出现损伤松脱等问题并生成报告单
4	植保无人机喷洒系统检查	自行选取植保无人机，观察、检查喷洒系统结构组成，检查各部件是否发生渗漏、腐蚀，是否符合起飞标准，有无出现损伤松脱等问题并生成报告单

任务分组

学生任务分配见表 2-2。

表 2-2 学生任务分配

班级：		组号：		组长：
本组成员：				

任务分工：

任务分析

1. 各组派代表阐述任务分析结果。

2. 各组对其他组的任务分析结果提出不同的看法。

3. 教师结合学生完成情况进行点评、分析、总结。

任务实施

按照本组分析、讨论、归纳的结果生成任务报告单，见表 2-3。

表 2-3　任务报告单

序号	任务名称	任务报告单
1	植保无人机机架系统检查	所选机型（需配图）： 机架检查内容：
2	植保无人机动力系统检查	动力系统检查内容：
3	植保无人机控制系统检查	控制系统检查内容：
4	植保无人机喷洒系统检查	喷洒系统检查内容：

评价反馈

任务评价见表 2-4。

表 2-4　任务评价

评价项目	自评	小组互评	教师评价
任务是否按计划时间完成			
相关操作记录完成情况			
任务完成情况			
任务创新情况			
语言表达能力及动手能力			

项目 3　植保无人机的飞行操控

实训任务 1　植保无人机测绘实训工作页

任务描述

学习植保无人机不同测绘方式，利用地面测绘软件、无人机、测绘器等练习操作植保无人机三种测绘方式。在练习过程中测试三种测绘方式的精确度。

（1）地图打点　利用地面站测绘软件直接编辑地图进行圈定地块的打点。

（2）飞行器打点　操纵植保无人机空载，在飞行训练场地圈地打点并记录之后无人机主飞行航迹偏差值。

（3）测绘器打点　利用测绘器上的定位天线实现高精度圈地打点，完成后自主飞行并记录飞行器航迹偏差值。

根据所收集到的数据与操作体验，分析三种打点方式的优缺点及试用范围，是否与书中介绍一致。大胆提出个人观点并进行试验论证。

任务要求

1. 掌握地面站测绘软件的使用。
2. 掌握新建需求与地块的方法。
3. 完成地图打点。
4. 完成飞行器打点。
5. 完成测绘器打点。
6. 掌握对比分析收集的参数数据。

实训任务书

任务书见表 3-1。

表 3-1　任务书

序号	任务名称	任务描述与要求
1	学习操作地面站测绘软件	下载安装植保无人机地面站测绘软件，注册账号并登录
2	新建需求与地块	在软件中新建属于自己的需求与新建测绘地块
3	地图打点	选择地图打点方式，操作软件进行圈地打点。完成后，对新建地块规划航线并自主飞行执行航线，观察无人机实际飞行航线到地块边界的距离并记录
4	飞行器打点	选择飞行器打点方式，操作无人机进行圈地打点。完成后，对新建地块规划航线并自主飞行执行航线，观察无人机实际飞行航线到地块边界的距离并记录
5	测绘器打点	选择测绘器打点方式，操作软件与测绘器进行圈地打点。完成后，对新建地块规划航线并自主飞行执行航线，观察无人机实际飞行航线到地块边界的距离并记录
6	分析数据	根据收集到的三种打点方式的多组数据，分析其误差值，并通过实际训练体验，得出其适用范围，对比书本结论。如果结论不同，则分析其原因

任务分组

学生任务分配见表 3-2。

表 3-2　学生任务分配

班级：		组号：		组长：	
本组成员：					
任务分工：					

任务分析

1.各组派代表阐述操作过程与检测过程，分析结果。

2.各组对其他组的任务分析结果提出不同的看法并分析结论差异原因。

3.教师结合学生完成情况进行点评、分析、总结。

任务实施

按照本组分析、讨论、归纳的结果生成任务报告单，见表 3-3。

表 3-3　任务报告单

序号	任务名称	任务报告单
1	地图打点	检测所得误差值： 分析误差产生原因：
2	飞行器打点	检测所得误差值： 分析误差产生原因：
3	测绘器打点	检测所得误差值： 分析误差产生原因：
4	分析数据	三种打点方式误差值结论： 分析打点方式的适用范围：

评价反馈

任务评价见表 3-4。

表 3-4　任务评价

评价项目	自评	小组互评	教师评价
任务是否按计划时间完成			
相关操作记录完成情况			
任务完成情况			
任务创新情况			
语言表达能力及动手能力			

实训任务 2　植保无人机手动飞行实训工作页

任务描述

学习如何操纵植保无人机进行飞行，练习并掌握正确的遥控器操作方式与技巧。练习植保作业中经常使用的飞行动作。

（1）定点起降　选择地势平缓的地点进行植保无人机起飞降落练习，锻炼操控无人机起降的稳定性，增加起降安全性。

（2）定点悬停　利用遥控器可控制植保无人机长时间悬停在同一个点位，不受风力等外界影响发生偏移。

（3）匀速直线飞行　操纵植保无人机空载，在飞行训练场地进行直线匀速飞行训练，练习操作稳定性。手动作业时，经常用到此种飞行操作。

（4）超视距飞行　利用 FPV 摄像头的图像传输，操控植保无人机安全飞行并执行任务。学习适应 FPV 摄像头视角，找准参照物，掌握安全操纵无人机的能力。

任务要求

1. 掌握遥控器操作与功能键识别。
2. 掌握植保无人机手动飞行的控制方式。
3. 掌握手动飞行的控制方法。
4. 掌握多种无人机操控飞行技巧。

实训任务书

任务书见表 3-5。

表3-5　任务书

序号	任务名称	任务描述与要求
1	掌握遥控器操作方法与键位功能	掌握遥控器的操控方式（美国手、日本手、中国手），以及遥控器上各键位与遥杆功能
2	起降飞行训练	控制植保无人机空载进行反复多次定点起降练习，练习并进行考核，记录学员定点起降与要求位置的偏差值
3	定点悬停训练	控制植保无人机空载进行长时间定点悬停练习。可与定点悬停并旋转360°练习一同进行并考核，记录学员定点悬停位置与要求位置的偏差值
4	匀速直线飞行训练	通过操控遥控器可控制无人机进行长距离匀速直线运动飞行。进行往返式多次飞行练习并考核，记录飞行的匀速性与航线偏差位移距离
5	超视距飞行训练	根据无人机上FPV摄像头传来的图像进行超视距模拟飞行训练，完成指定飞行动作，如路线飞行或到达某目的地上空。记录学员超视距操作熟练度与任务完成情况
6	分析记录的考核内容	根据收集到的考核数据，分析学员操控失误的原因以及改进的方法

任务分组

学生任务分配见表3-6。

表3-6　学生任务分配

班级：		组号：		组长：

本组成员：

任务分工：

任务分析

1.各组派代表阐述操作过程遇到的实际问题与难点。

2.各组对其他组的任务分析结果提出不同操作改进建议。

3.教师结合学生完成情况进行点评、分析、总结。

任务实施

按照本组分析、讨论、归纳的结果生成任务报告单，见表3-7。

表3-7　任务报告单

序号	任务名称	任务报告单
1	掌握遥控器操作方法与键位功能	操作遥控器技巧： 误操作产生原因： 总结操作注意事项：
2	起降飞行训练	起降飞行技巧： 误操作产生原因： 总结操作注意事项：
3	定点悬停训练	定点悬停技巧： 误操作产生原因： 总结操作注意事项：

（续）

序号	任务名称	任务报告单
4	匀速直线飞行训练	匀速直线飞行技巧： 误操作产生原因： 总结操作注意事项：
5	超视距飞行训练	超视距 FPV 飞行技巧： 误操作产生原因： 总结操作注意事项：

评价反馈

任务评价见表 3-8。

表 3-8　任务评价

评价项目	自评	小组互评	教师评价
任务是否按计划时间完成			
相关操作记录完成情况			
任务完成情况			
任务创新情况			
语言表达能力及动手能力			

请 沿 虚 线 撕 下

实训任务 3　植保无人机自主飞行实训工作页

任务描述

通过植保无人机自主飞行实训，掌握无人机地面站软件的应用以及相关参数设置。通过此次实训任务，使学员们能够掌握操纵植保无人机进行自主作业飞行的能力。在实际操作过程中，体会自主飞行作业的便利性以及操作难点。分析自主飞行的优劣点，真正掌握自主飞行作业的全部操作流程与注意事项。

任务要求

1. 掌握植保无人机地面站软件的使用。
2. 完成地块路径规划与作业参数的设置。
3. 掌握自主飞行作业方式细节流程。

实训任务书

任务书见表 3-9。

表 3-9　任务书

序号	任务名称	任务描述与要求
1	学习植保无人机地面站软件的使用	掌握植保无人机地面站软件的功能，在训练场地测绘并新建地块
2	路径规划	根据软件内测绘出的训练场地地块，按照模拟作业要求，设置自主飞行作业路径
3	参数设置	根据模拟作业场景，对飞行参数进行合理设置，请导师进行评价
4	自主飞行辅助操作（加药、换电）	完成路径规划与参数设置后，需将编辑的地块航线与参数上传，无人机接收到任务指令后，可通过滑动式按键操作一键起飞执行航线。训练后考核并记录操作顺序与出现的问题

（续）

序号	任务名称	任务描述与要求
5	自主飞行操作分析总结	根据收集到的考核数据，分析无人机操控失误的原因以及改进的方法。针对自主飞行作业中存在的问题进行讨论归纳，生成报告单

任务分组

学生任务分配见表 3-10。

表 3-10　学生任务分配

班级：		组号：		组长：
本组成员：				
任务分工：				

任务分析

1. 各组派代表阐述操作过程遇到的实际问题与难点。

2. 各组对其他组的任务分析结果提出不同操作改进建议。

3. 教师结合学生完成情况进行点评、分析、总结。

任务实施

按照本组分析、讨论、归纳的结果生成任务报告单，见表 3-11。

表 3-11　任务报告单

序号	任务名称	任务报告单
1	学习植保无人机地面站软件的使用	软件操作技巧： 难点和不足： 修改意见：
2	路径规划	软件操作技巧与重要设置： 难点和不足： 修改意见：
3	参数设置	参数设置技巧与重要参数： 难点和不足： 修改意见：
4	自主飞行辅助操作（加药、换电）	辅助操作技巧与注意事项： 难点和不足： 修改意见：

请沿虚线撕下

（续）

序号	任务名称	任务报告单
5	自主飞行操作分析总结	全方位流程协同技巧： 更高效的自主作业方案： 修改意见：

评价反馈

任务评价见表 3–12。

表 3–12　任务评价

评价项目	自评	小组互评	教师评价
任务是否按计划时间完成			
相关操作记录完成情况			
任务完成情况			
任务创新情况			
语言表达能力及沟通协作			

请沿虚线撕下

项目4 植保无人机播撒技术

实训任务 植保无人机播撒作业实训工作页

 任务描述

练习植保无人机播撒作业的操作，掌握新的应用与作业方式。现代农业植保作业中，无人机并不仅仅充当喷洒药剂的工具，其空中优势也被应用到播撒颗粒化肥、种子等领域。

任务要求

1. 完成植保无人机播撒器换装。
2. 完成播撒器系统校准。
3. 掌握植保无人机播撒作业流程。

实训任务书

任务书见表4-1。

表4-1 任务书

序号	任务名称	任务描述与要求
1	认识辨别播撒器类别	从多个类别的播撒器中，按照给定的指令，选取对应类型的播撒器，并说明此种播撒器的应用原理与缺陷
2	播撒器换装	将选取的播撒器与植保无人机上的水箱进行换装，保证正确拆卸水箱与正确安装播撒器

（续）

序号	任务名称	任务描述与要求
3	校准播撒器	操纵无人机并对刚刚安装好的播撒器进行校准。注意操作流程
4	测试研究播撒器开口与流量关系	操纵无人机与播撒器，用不同的开口大小测试播撒器物料的流量变化。制作数据表格，记录试验数据并填写表格。分析试验数据，得出结论
5	模拟播撒作业	选择合适的播撒模拟场地进行模拟作业，记录播撒过程中遇到的问题与困难点。分析原因并提出改进方法

任务分组

学生任务分配见表4-2。

表4-2　学生任务分配

班级：	组号：	组长：

本组成员：

任务分工：

任务分析

1.各组派代表阐述操作过程遇到的实际问题与难点，对比各组试验数据与结论。

2.各组对其他组的任务分析结果提出不同问题。

3.教师结合学生完成情况进行点评、分析、总结。

任务实施

按照本组分析、讨论、归纳的结果生成任务报告单，见表 4-3。

表 4-3　任务报告单

序号	任务名称	任务报告单
1	认识辨别播撒器类别	不同类型播撒器的区别： 应用原理与缺陷： 缺陷改进方案：
2	播撒器换装	播撒器换装流程： 换装注意事项： 换装方案优化：
3	校准播撒器	校准播撒器流程： 操作注意事项： 校准方案优化：
4	测试研究播撒器开口与流量关系	流量异常的原因： 流量与开口大小的关系： 恒定物料流量的方案：

请　沿　虚　线　撕　下

（续）

序号	任务名称	任务报告单
5	模拟播撒作业	播撒作业流程： 播撒技巧与难点： 播撒作业方案构想：

评价反馈

任务评价见表 4-4。

表 4-4　任务评价

评价项目	自评	小组互评	教师评价
任务是否按计划时间完成			
相关操作记录完成情况			
任务完成情况			
任务创新情况			
语言表达能力及动手能力			

请沿虚线撕下

项目5 植保无人机辅助设备操作

实训任务 植保无人机辅助设备使用实训工作页

任务描述

植保无人机为了适应不同的作业环境，配备了不同的辅助设备。练习使用这些辅助设备，确保能够在不同环境下正常使用植保无人机进行作业。

（1）充电器 植保无人机电池可进行轮换多次充放电使用，充电器和植保无人机电池相互配对，能够快速安全地将无人机电池充满，为电池提供电源。

（2）发电机 在植保作业过程中，一般在田地间无法连接有效电源，可以通过连接燃油发电机对电池进行充电。现有发电机多是燃油发电机。

（3）离线基站 在特殊环境下，如山间、山谷等无网络信号环境，植保无人机不能正常作业，需要用到离线基站保障其数据通信，从而顺利完成作业任务。

（4）夜航灯 为了满足植保无人机夜间作业需求，需配备夜航灯照明，保障其避障感应器正常运行。夜间作业在夏季更加凉爽，作业时间比白天更长，杀虫作业效果也更好。

任务要求

1. 完成植保无人机充电设备的操作。
2. 完成发电机设备的操作。
3. 完成植保无人机离线基站设备的操作。
4. 完成植保无人机夜航灯设备的装卸与操作。

实训任务书

任务书见表 5-1。

表 5-1　任务书

序号	任务名称	任务描述与要求
1	充电器设备的操作	用与植保无人机电池相匹配的充电器给电池充电，并应用充电管理软件观察电池情况。测试不同温度下电池的充电效率，记录试验数据，分析并归纳结果，得出结论
2	发电机设备的操作	给发电机添加燃料并起动，为充电器或电池提供电源。测试发电机的充电时间，遵守操作注意事项
3	离线基站设备的操作	模拟无网络信号环境，应用离线基站成功操纵植保无人机进行飞行作业。测试离线基站信号传输距离，记录并畅想其他连接方案
4	夜航灯设备的装卸与操作	模拟夜间飞行环境，应用夜航模式成功操纵无人机进行飞行作业。拆装夜航灯设备，注意拆装与使用流程

任务分组

学生任务分配见表 5-2。

表 5-2　学生任务分配

班级：	组号：	组长：

本组成员：

任务分工：

任务分析

1. 各组派代表阐述操作过程遇到的实际问题与难点，对比各组试验数据与结论。

2. 各组对其他组的任务分析结果提出不同问题。

3. 教师结合学生完成情况进行点评、分析、总结。

任务实施

按照本组分析、讨论、归纳的结果生成任务报告单，见表 5-3。

表 5-3　任务报告单

序号	任务名称	任务报告单
1	充电器设备的操作	充电设备操作流程： 缺陷与实际操作问题： 缺陷优化：
2	发电机设备的操作	发电机操作流程： 缺陷与实际操作问题： 缺陷优化：
3	离线基站设备的操作	离线基站操作流程： 缺陷与实际操作问题： 缺陷优化：

（续）

序号	任务名称	任务报告单
4	夜航灯设备的装卸与操作	夜航灯装卸与操作流程： 缺陷与实际操作问题： 缺陷优化：

评价反馈

任务评价见表5-4。

表5-4　任务评价

评价项目	自评	小组互评	教师评价
任务是否按计划时间完成			
相关操作记录完成情况			
任务完成情况			
任务创新情况			
语言表达能力及动手能力			

项目6　紧急情况下植保无人机的操控

实训任务　紧急情况下植保无人机应急操作实训工作页

 任务描述

　　植保无人机在作业应用过程中，会发生一些紧急情况或事故。掌握一些特殊情况下的应急操作方法，保障人身安全，避免财产损失，是学习植保无人机操作中必不可少的训练内容。

任务要求

　　1.了解判断需要对植保无人机进行应急处理的情况。
　　2.完成植保无人机应急返航。
　　3.完成植保无人机紧急迫降。
　　4.完成植保无人机"炸机"后的紧急处理。

实训任务书

　　任务书见表6-1。

表6-1　任务书

序号	任务名称	任务描述与要求
1	判断紧急情况	提出不同的植保无人机应用场景，针对不同的问题、情况，选择需要做出应急处理的飞行状况
2	应急返航	模拟无人机发生紧急情况，将问题妥善处理或操纵问题无人机安全返航
3	紧急迫降	模拟无人机发生紧急情况，进行无人机紧急迫降。在保障人员安全的前提下，尽量保全植保无人机，将无人机迫降到附近平坦安全地区
4	"炸机"后的紧急处理	模拟多种场景下无人机因意外事故"炸机"，议定"炸机"后的处理方案，分析方案可行性并得出结论

任务分组

学生任务分配见表6-2。

表6-2　学生任务分配

班级：	组号：	组长：

本组成员：

任务分工：

任务分析

1.各组派代表阐述处理过程遇到的问题与难点，对处理方案进行评估讨论。

2.各组对其他组的任务分析结果提出不同问题。

3.教师结合学生完成情况进行点评、分析、总结。

任务实施

按照本组分析、讨论、归纳的结果生成任务报告单，见表 6-3。

表 6-3　任务报告单

序号	任务名称	任务报告单
1	判断紧急情况	判断指标： 实际中可能出现的误操作： 确定判断指标：
2	应急返航	应急返航操作流程： 注意事项： 操作优化方案：
3	紧急迫降	紧急迫降操作流程： 注意事项： 操作优化方案：

（续）

序号	任务名称	任务报告单
4	"炸机"后的紧急处理	不同情形的处理方案： 相同处理流程： 操作优化方案：

评价反馈

任务评价见表6-4。

表6-4　任务评价

评价项目	自评	小组互评	教师评价
任务是否按计划时间完成			
相关操作记录完成情况			
任务完成情况			
任务创新情况			
语言表达能力及动手能力			

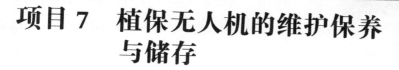

项目 7　植保无人机的维护保养与储存

实训任务　植保无人机维护保养实训工作页

任务描述

本任务是完成植保无人机的维护与保养。在植保无人机的使用过程中，需要不断进行作业后或周期性维护，如此才能够延长其使用寿命。通过练习掌握植保无人机维护工具的使用方法，以及植保无人机各部件维护保养方法，从而减少长期使用或储存对植保无人机带来的损伤。

任务要求

1. 掌握植保无人机维护保养工具的使用方法。
2. 完成植保无人机各部件的维护保养。
3. 完成植保无人机储存前的处理。

实训任务书

任务书见表 7-1。

表 7-1　任务书

序号	任务名称	任务描述与要求
1	植保无人机维护保养工具的选用	从植保无人机工具维修包中，选择任务所需的工具，并说明其使用方法
2	整体机身维护保养	从植保无人机工具维修包中，选择任务所需的工具，并说明其使用方法。应用所选工具对整体机身进行维护保养，并记录保养维护内容
3	动力系统维护保养	从植保无人机工具维修包中，选择任务所需的工具，并说明其使用方法。应用所选工具对动力系统进行维护保养，并记录保养维护内容
4	喷洒系统维护保养	从植保无人机工具维修包中，选择任务所需的工具，并说明其使用方法。应用所选工具对喷洒系统进行维护保养，并记录保养维护内容
5	植保无人机储存	根据植保无人机储存注意事项，利用选择的工具，完成植保无人机储存前的处理，记录处理内容

任务分组

学生任务分配见表 7-2。

表 7-2　学生任务分配

班级：	组号：	组长：

本组成员：

任务分工：

任务分析

1. 各组派代表阐述任务记录内容，说明维护保养难点。
2. 各组对其他组的任务分析结果提出不同的看法。
3. 教师结合学生完成情况进行点评、分析、总结。

任务实施

按照本组分析、讨论、归纳的结果生成任务报告单，见表 7-3。

表 7-3　任务报告单

序号	任务名称	任务报告单
1	植保无人机维护保养工具的选用	所选工具与用途： 缺少的工具或替换工具：
2	整体机身维护保养	整体机身维护保养内容： 维护保养重点： 其他维护保养方案：
3	动力系统维护保养	动力系统维护保养内容： 维护保养重点： 其他维护保养方案：

（续）

序号	任务名称	任务报告单
4	喷洒系统维护保养	喷洒系统维护保养内容： 维护保养重点： 其他维护保养方案：
5	植保无人机储存	储存前处理内容： 注意事项： 最优储存方案：

评价反馈

任务评价见表 7-4。

表 7-4　任务评价

评价项目	自评	小组互评	教师评价
任务是否按计划时间完成			
相关操作记录完成情况			
任务完成情况			
任务创新情况			
语言表达能力及动手能力			

项目 8　农药安全使用常识及常见病虫害

实训任务　药物辨识与药剂配制实训工作页

任务描述

　　本任务是学习辨别农药的作用，通过药物外部包装，正确解读药物信息。掌握农药配制工具的使用方法，按照要求配制适当浓度的农药药液。掌握配制农药的科学方法——"二次稀释法"。

任务要求

　　1. 掌握农药识别的技巧。
　　2. 掌握配制农药的工具使用方法。
　　3. 完成基础的农药配制。

实训任务书

　　任务书见表 8-1。

表 8-1　任务书

序号	任务名称	任务描述与要求
1	识别农药	在多种类型的农药中挑选适合导师要求防治案例的农药，并说明选择理由

（续）

序号	任务名称	任务描述与要求
2	挑选配药工具	自行从工具仓库内选取配制农药所需的工具与防护用具，记录选择并解释说明工具用途和使用方法
3	配制农药	利用小组选择的农药与工具，按照导师要求配制一定浓度的药液（可自行选择配药方法）
4	二次稀释法	利用二次稀释法配制一定浓度药液，对比分析其他方法，分析二次稀释法的优势

任务分组

学生任务分配见表8-20。

表8-2　学生任务分配

班级：		组号：		组长：
本组成员：				

任务分工：

任务分析

1. 各组派代表阐述任务分析结果。

2. 各组对其他组的任务分析结果提出不同的看法。

3. 教师结合学生完成情况进行点评、分析、总结。

任务实施

按照本组分析、讨论、归纳的结果生成任务报告单，见表 8-3。

表 8-3　任务报告单

序号	任务名称	任务报告单
1	识别农药	选择农药的依据： 药物的特征与注意事项： 同类型替代品：
2	挑选配药工具	工具的使用方法： 注意事项：
3	配制农药	配制药液的基本流程：
4	二次稀释法	二次稀释法配制流程： 二次稀释法的优势：

评价反馈

任务评价见表8-4。

表8-4　任务评价

评价项目	自评	小组互评	教师评价
任务是否按计划时间完成			
相关操作记录完成情况			
任务完成情况			
任务创新情况			
语言表达能力及动手能力			

请

沿

虚

线

撕

下

项目9 植保无人机喷洒效果检验及飞防作业的实施

实训任务 植保无人机喷洒效果检验实训工作页

任务描述

本任务是进行植保无人机喷洒效果检验。通过科学的检测方式，测试植保无人机喷洒系统的喷洒效果。学会使用检验箱中的工具，检测植保无人机喷洒效果，学会对比分析采集的样品。

任务要求

1. 掌握检测箱中工具的使用。
2. 完成喷洒效果检测纸样的布置点位。
3. 掌握三种不同检验方法的操作。
4. 完成检测样品的收集与对比分析。

实训任务书

任务书见表9-1。

表9-1 任务书

序号	任务名称	任务描述与要求
1	识别检测箱中工具	打开检测箱，观察检测箱中的工具。认识并分别说出工具的名称及使用方法

（续）

序号	任务名称	任务描述与要求
2	检测纸样布置	自行从检测箱内选取检测所需的工具与纸样，记录纸样布置位置与选择点位原因
3	三种检验方法	根据实际使用场景或模拟使用场景，选择适用的检测方法，并陈述原因。记录并操纵植保无人机喷洒进行测试
4	样品的收集与对比分析	喷洒结束后，收集提前放置的纸样或作物样品。对收集的样品进行整理归纳，对比分析并得出结论

任务分组

学生任务分配见表9-2。

表9-2　学生任务分配

班级：		组号：		组长：

本组成员：

任务分工：

任务分析

1. 各组派代表阐述任务分析结果。

2. 各组对其他组的任务分析结果提出不同的看法。

3. 教师结合学生完成情况进行点评、分析、总结。

任务实施

按照本组分析、讨论、归纳的结果生成任务报告单，见表 9-3。

表 9-3　任务报告单

序号	任务名称	任务报告单
1	识别检测箱中工具	工具类型分类： 作用说明： 同类型替代品：
2	检测纸样布置	检测点位置选择： 不同作物的选择：
3	三种检验方法	检测方法的应用环境： 检测方法的缺陷： 改进优化方案：
4	样品的收集与对比分析	对比分析的方法： 喷洒效果结论： 改进优化方案：

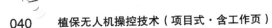

评价反馈

任务评价见表 9-4。

表 9-4　任务评价

评价项目	自评	小组互评	教师评价
任务是否按计划时间完成			
相关操作记录完成情况			
任务完成情况			
任务创新情况			
语言表达能力及动手能力			

项目 10　植保无人机的拆装

实训任务　植保无人机部件拆装实训工作页

　任务描述

参与并实践植保无人机部件拆装过程，熟悉掌握无人机各个系统模块的拆解与安装步骤，为植保无人机检修换装打下坚实技术基础。

任务要求

1. 完成植保无人机机架系统拆装。
2. 完成植保无人机动力系统拆装。
3. 完成植保无人机传感控制系统拆装。
4. 完成植保无人机喷洒系统拆装。

　实训任务书

任务书见表 10-1。

表 10-1　任务书

序号	任务名称	任务描述与要求
1	植保无人机机架系统拆装训练	将植保无人机架系统中部件一一拆除下来，检查正常后按照步骤重新完成机架组装
2	植保无人机动力系统拆装训练	熟悉植保无人机动力系统的工作原理，完成动力系统的拆装或部件更换

（续）

序号	任务名称	任务描述与要求
3	植保无人机传感控制模块拆装训练	熟悉植保无人机各传感控制模块的连接与运行，根据教师不同要求，拆卸换装不同的模块
4	植保无人机喷洒系统拆装训练	熟悉植保无人机喷洒系统工作原理，学习喷洒系统连接结构，完成植保无人机喷洒系统部件的拆装过程

任务分组

学生任务分配见表 10-2。

表 10-2　学生任务分配

班级：	组号：	组长：

本组成员：

任务分工：

任务分析

1. 各组派代表阐述操作过程遇到的实际问题与难点，对比各组实际操作中出现的操作失误与困难。

2. 各组对其他组的任务过程记录提出不同问题。

3. 教师结合学生任务完成与技术掌握情况进行点评、分析、总结。

任务实施

按照本组分析、讨论、归纳的结果生成任务报告单，见表 10-3。

表 10-3　任务报告单

序号	任务名称	任务报告单
1	植保无人机机架系统拆装训练	不同部件（前部模块系统支架、电池导轨、药箱定位件、脚架、机身横梁等）拆装步骤： 拆装过程中遇到的问题与难点： 问题与难点解决方案：
2	植保无人机动力系统拆装训练	不同部件（电动机、电调、桨叶等）拆装步骤： 拆装过程中遇到的问题与难点： 问题与难点解决方案：
3	植保无人机传感控制模块拆装训练	不同模块（传感器模块、CPU 模块、飞控模块、通信模块等）拆装步骤： 拆装过程中遇到的问题与难点： 问题与难点解决方案：
4	植保无人机喷洒系统拆装训练	喷洒系统不同部件（喷头、水管、水泵、流量计等）拆装步骤： 拆装过程中遇到的问题与难点： 问题与难点解决方案：

请沿虚线撕下

评价反馈

任务评价见表10-4。

表10-4　任务评价

评价项目	自评	小组互评	教师评价
任务是否按计划时间完成			
相关操作记录完成情况			
任务完成情况			
任务创新情况			
语言表达能力及动手能力			

请　　沿　　虚　　线　　撕　　下

项目 11　植保无人机故障分析及维修

实训任务 1　植保无人机模块与传感器故障维修实训工作页

任务描述

　　学习并进行植保无人机模块与传感器故障维修训练，掌握无人机模块与传感器故障现象，通过无人机故障现象能够分析出无人机故障点，并进行维修操作，使无人机恢复正常运行。

任务要求

　　1. 掌握植保无人机模块维修操作。
　　2. 掌握植保无人机传感器维修操作。

实训任务书

　　任务书见表 11-1。

表 11-1　任务书

序号	任务名称	任务描述与要求
1	飞控模块维修训练	模拟无人机飞控故障现象问题，表述给维修学员，学员将无人机故障问题排除并修复，记录故障分析与维修过程

（续）

序号	任务名称	任务描述与要求
2	PMU 模块维修训练	模拟无人机 PMU 故障现象问题，表述给维修学员，学员将无人机故障问题排除并修复，记录故障分析与维修过程
3	UNICOM 模块维修训练	模拟无人机 UNICOM 模块故障现象问题，表述给维修学员，学员将无人机故障问题排除并修复，记录故障分析与维修过程
4	遥控链路维修训练	模拟无人机遥控链路故障现象问题，表述给维修学员，学员将无人机故障问题排除并修复，记录故障分析与维修过程
5	双目相机维修训练	模拟无人机双目相机故障现象问题，表述给维修学员，学员将无人机故障问题排除并修复，记录故障分析与维修过程
6	传感器模块维修训练	模拟无人机传感器模块故障现象问题，表述给维修学员，学员将无人机故障问题排除并修复，记录故障分析与维修过程

任务分组

学生任务分配见表 11-2。

表 11-2　学生任务分配

班级：	组号：	组长：

本组成员：

任务分工：

任务分析

1. 各组派代表阐述维修过程遇到的问题与难点，对比各组维修过程中出现的操作失误与困难。

2. 各组对其他组的任务过程记录提出不同问题。

3. 教师结合学生任务完成与维修技术掌握情况进行点评、分析、总结。

任务实施

按照本组分析、讨论、归纳的结果生成任务报告单，见表 11-3。

表 11-3　任务报告单

序号	任务名称	任务报告单
1	飞控模块维修训练	飞控模块故障分析判断步骤： 发现的问题与难点： 问题与难点解决方案：
2	PMU 模块维修训练	PMU 模块故障分析判断步骤： 发现的问题与难点： 问题与难点解决方案：
3	UNICOM 模块维修训练	UNICOM 模块故障分析判断步骤： 发现的问题与难点： 问题与难点解决方案：

（续）

序号	任务名称	任务报告单
4	遥控链路维修训练	遥控链路故障分析判断步骤： 发现的问题与难点： 问题与难点解决方案：
5	双目相机维修训练	双目相机模块故障分析判断步骤： 发现的问题与难点： 问题与难点解决方案：
6	传感器模块维修训练	传感器模块故障分析判断步骤： 发现的问题与难点： 问题与难点解决方案：

评价反馈

任务评价见表11-4。

表11-4　任务评价

评价项目	自评	小组互评	教师评价
任务是否按计划时间完成			
相关操作记录完成情况			
任务完成情况			
任务创新情况			
语言表达能力及动手能力			

请
沿
虚
线
撕
下

实训任务 2　植保无人机动力与喷洒系统故障维修实训工作页

任务描述

学习并进行植保无人机动力与喷洒系统故障维修训练，掌握无人机动力与喷洒系统故障现象，通过无人机故障现象能够分析出无人机故障点，进行维修操作，使无人机恢复正常运行。

任务要求

1. 掌握植保无人机动力系统维修操作。
2. 掌握植保无人机喷洒系统维修操作。

实训任务书

任务书见表 11-5。

表 11-5　任务书

序号	任务名称	任务描述与要求
1	电动机、电调维修训练	模拟无人机电动机电调故障现象问题，表述给维修学员，学员将无人机故障问题排除并修复，记录故障分析与维修过程
2	电源与备用电维修训练	模拟无人机电源与备用电故障现象问题，表述给维修学员，学员将无人机故障问题排除并修复，记录故障分析与维修过程
3	喷头维修训练	模拟无人机喷头模块故障现象问题，表述给维修学员，学员将无人机故障问题排除并修复，记录故障分析与维修过程

（续）

序号	任务名称	任务描述与要求
4	水泵维修训练	模拟无人机水泵故障现象问题，表述给维修学员，学员将无人机故障问题排除并修复，记录故障分析与维修过程
5	流量计维修训练	模拟无人机流量计故障现象问题，表述给维修学员，学员将无人机故障问题排除并修复，记录故障分析与维修过程

任务分组

学生任务分配见表 11-6。

表 11-6　学生任务分配

班级：		组号：		组长：

本组成员：

任务分工：

任务分析

1. 各组派代表阐述维修过程遇到的问题与难点，对比各组维修过程中出现的操作失误与困难。

2. 各组对其他组的任务过程记录提出不同问题。

3. 教师结合学生任务完成与维修技术掌握情况进行点评、分析、总结。

任务实施

按照本组分析、讨论、归纳的结果生成任务报告单，见表 11-7。

表 11-7　任务报告单

序号	任务名称	任务报告单
1	电动机、电调维修训练	电动机电调故障分析判断步骤： 发现的问题与难点： 问题与难点解决方案：
2	电源与备用电维修训练	电源、备用电故障分析判断步骤： 发现的问题与难点： 问题与难点解决方案：
3	喷头维修训练	喷头故障分析判断步骤： 发现的问题与难点： 问题与难点解决方案：
4	水泵维修训练	水泵故障分析判断步骤： 发现的问题与难点： 问题与难点解决方案：

（续）

序号	任务名称	任务报告单
5	流量计维修训练	流量计故障分析判断步骤： 发现的问题与难点： 问题与难点解决方案：

评价反馈

任务评价见表11-8。

表11-8　任务评价

评价项目	自评	小组互评	教师评价
任务是否按计划时间完成			
相关操作记录完成情况			
任务完成情况			
任务创新情况			
语言表达能力及动手能力			